工业和信息化
人才培养规划教材

**Industry And Information
Technology Training
Planning Materials**

职 业 教 育 系 列

网络综合布线技术

Integrated Wiring
Technology

曹融 冯国华 ◎ 主编
李虹 刘清华 ◎ 副主编

U0258090

人民邮电出版社
北 京

图书在版编目（CIP）数据

网络综合布线技术 / 曹融，冯国华主编. -- 北京：
人民邮电出版社，2014.11（2022.12重印）
工业和信息化人才培养规划教材. 职业教育系列
ISBN 978-7-115-36016-8

Ⅰ. ①网… Ⅱ. ①曹… ②冯… Ⅲ. ①计算机网络—
布线—高等职业教育—教材 Ⅳ. ①TP393.03

中国版本图书馆CIP数据核字(2014)第200491号

内 容 提 要

本书是主要针对职业院校计算机网络及相关专业学生开发的以强化职业技能培养为核心的专业技能实践教材。全书详细地介绍了综合布线的概念，国际、国内标准，常用的传输介质、连接件及工具，以及综合布线等七大子系统及各个子系统的设计和施工，并系统地介绍了综合布线方面的基本理论知识与技术运用要领，结合工程项目重点阐述了综合布线系统的设计原则、标准规范、设计过程、器材选用、施工进度、施工管理、工程测试验收等全过程。

本书适合作为职业院校信息技术类专业学生的教材，也可供从事综合布线工作的专业技术人员参考使用。

- ◆ 主　编　曹　融　冯国华
　　副 主 编　李　虹　刘清华
　　责任编辑　桑　珊
　　责任印制　杨林杰
- ◆ 人民邮电出版社出版发行　　北京市丰台区成寿寺路 11 号
　　邮编　100164　　电子邮件　315@ptpress.com.cn
　　网址　http://www.ptpress.com.cn
　　固安县铭成印刷有限公司印刷
- ◆ 开本：787×1092　1/16
　　印张：14　　　　　　　　　　2014 年 11 月第 1 版
　　字数：368 千字　　　　　　　2022 年 12 月河北第 16 次印刷

定价：34.00 元

读者服务热线：(010)81055256　印装质量热线：(010)81055316
反盗版热线：(010)81055315

前言 PREFACE

当今社会，随着网络的不断普及，计算机网络的应用越来越广泛，各行各业都在建设本行业的网络工程，人们逐渐认识到优秀的结构化网络布线的重要性。为了给用户提供一个高速可靠的信息传输通道，在建筑物内或建筑物之间，需要建立一个方便的、灵活的、稳定的结构化布线系统。

综合布线系统具有统一的工业标准和严格的规范，是一个集标准与标准测试于一体的完整系统，具有高度的灵活性，能满足各种不同用户的需求。随着综合布线系统在网络工程中的广泛使用，越来越多的行业需要了解综合布线的基础知识，在社会上也需要大量的具有综合布线知识和技能的网络工程技术人员、布线施工人员以及网络管理人员。

本书以国家标准《综合布线系统工程设计规范》（GB 50311-2007）和《综合布线系统工程验收规范》（GB 50312-2007）为依据，反映了综合布线领域最新的技术和成果，采用项目教学与任务驱动模式进行编写。全书以完成一个实际的综合布线工程项目为目标，按照工程真正的流程和要求，采用任务驱动的模式，将各知识点和各项技能综合在一起，同时提出一个实训项目，读者在学习的时候可以同步地进行实训，以掌握综合布线工程项目从提出、设计、施工、测试、验收到维护过程中所需要的各种技能，从而达到从事综合布线工程相关工作的基本职业能力，实现教学与就业岗位的"零距离对接"。

本书是主要针对职业院校计算机网络及其相关专业学生开发的以强化职业技能培养为核心的专业技能实践教材。

单元 1 "认识网络综合布线组成系统"主要描述综合布线系统的基本概念、发展历史以及系统的基本构成等基础知识；

单元 2 "掌握网络综合布线器材和工具"主要描述网络传输介质，介绍电缆信息插座、线槽和线管、桥架和机柜以及布线工具设备；

单元 3 "了解网络综合布线系统工程设计"主要描述综合布线工程基本设计项目文档，介绍综合布线系统图设计、信息点端口对应表设计以及施工图设计、材料表编制、预算表编制和施工进度表编制等；

单元 4 "掌握工作区子系统技术"主要描述工作区子系统的基本概念，介绍工作区子系统的设计和安装过程等；

单元 5 "掌握水平子系统技术"主要描述水平子系统的基本概念，介绍水平子系统的设计和安装过程等；

单元 6 "掌握管理间子系统技术"主要描述管理间子系统的基本概念，介绍管理间子系统的设计和安装过程等；

单元 7 "掌握垂直子系统技术"主要描述垂直子系统的基本概念，介绍垂直子系统的设计和安装过程等；

单元 8 "掌握设备间子系统技术"主要描述设备间子系统的基本概念，介绍设备间子系统的设计和安装过程等；

单元 9 "掌握进线间和建筑群子系统技术"主要描述进线间和建筑群子系统的基本概念，介绍进线间和建筑群子系统的设计和安装过程等；

　　单元 10 "综合布线系统工程的测试与验收"主要描述综合布线系统的电缆传输通道测试和光缆传输通道测试，解决测试过程中遇到的问题；

　　单元 11 "学习网络综合布线系统工程预算"主要描述综合布线工程的各种材料、完成产品选型之后的工程概算以及预算的方法；

　　单元 12 "掌握综合布线系统工程管理知识"主要描述施工现场人员对材料、安全、质量、成本和进程的全面管理知识。

　　本书通过校企合作模式开发，为符合职业院校的学习、教学特征，全书突出"工学结合"的教学理念，将综合布线理论知识学习、技术方法运用、工程项目策略等进行有机结合，将知识的运用和技术的掌握、实践的经验体会与工程的实施过程穿插其中。

　　本课程开发项目作为国家级精品课程建设课题项目，前期经过长期酝酿和修订，最后选择本课程对应厂商星网锐捷网络有限公司联合开发，走校企合作开发的道路，希望实现专业对接行业、课程对接岗位的教学效果。

　　本书由曹融、冯国华任主编，李虹、刘清华任副主编，汪双顶任技术主审。

　　编者意在奉献给读者一本实用并具有特色的教材，但由于书中涉及的许多内容属于发展中的高新技术，加之编者水平有限，难免存在错误和不妥之处，敬请广大读者给予批评指正。

编者

2014 年 7 月 26 日

目 录 CONTENTS

PART 1

单元 1
认识网络综合布线组成系统

 一、任务描述

浙江科技工程学校需要改造网络中心的机房，需要重新布线，安装交换机设备，把所有的交换机设备都上机，以实现管理标准化。小明是网络中心新入职的网络管理员，因此需要学习如何进行网络布线，如何把交换机上架，熟悉和了解网络综合布线组成系统。

 二、任务分析

传统布线如电话、计算机局域网都是各自独立的。各系统分别由不同的厂商设计和安装，传统布线采用不同的线缆和不同的终端插座。而且，连接这些不同布线的插头、插座及配线架均无法互相兼容。综合布线系统就是用数据和通信电缆、光缆、各种软电缆及有关连接硬件构成的通用布线系统，是能支持语音、数据、影像和其他控制信息技术的标准应用系统。

 三、知识准备

1.1 综合布线系统的基本概念

简单地讲，综合布线系统就是连接电脑等终端的缆线和器件，在中国 GB 50311-2007《综合布线系统工程设计规范》国家标准中的定义如下：

综合布线系统就是用数据和通信电缆、光缆、各种软电缆，及有关连接硬件构成的通用布线系统，是能支持语音、数据、影像和其他控制信息技术的标准应用系统。

1.2 综合布线系统的发展过程

综合布线的发展与建筑物自动化系统密切相关。传统布线如电话、计算机局域网都是各自独立的。各系统分别由不同的厂商设计和安装，传统布线采用不同的线缆和不同的终端插座。而且，连接这些不同布线的插头、插座及配线架均无法互相兼容。

办公布局及环境改变的情况是经常发生的，需要调整办公设备或随着新技术的发展，需要更换设备时，就必须更换布线。这样因增加新电缆而留下不用的旧电缆，天长日久，导致了建筑物内一堆堆杂乱的线缆，造成很大隐患，维护不便，改造也十分困难。随着全球社会信息化与经济国际化的深入发展，人们对信息共享的需求日趋迫切，因此就需要一个适合信息时代的布线方案。

美国电话电报公司(AT&T)贝尔实验室(Bell)的专家们，经过多年的研究，在办公楼和工厂试验成功的基础上，于 1985 年率先推出结构化综合布线系统（Structured Cabling System，SCS），其代表产品是 SYSTIMAX PDS（建筑与建筑群综合布线系统）。

SYSTIMATMPDS（建筑与建筑群综合布线系统），并于 1986 年通过美国电子工业协会（EIA）和通信工业协会（TIA）的认证，并很快得到世界范围内的广泛认同，在全球范围内推广开来。

综合布线系统在我国以前命名为建筑与建筑群综合布线系统（Premises Distribution System， PDS）或者结构化布线系统（Structured Cabling System，SCS），经我国国家标准GB/T50311-2000 统一命名为综合布线系统 (Generic Cabling System，GCS)。

1.3 综合布线系统的特点

综合布线同传统的布线相比较有着许多优越性，是传统布线所无法相比的。

综合布线系统的特点主要表现在：具有兼容性、开放性、灵活性、可靠性、先进性和经济性；而且在设计、施工和维护方面也给人们带来了许多方便。

1．兼容性

综合布线的首要特点是它的兼容性。所谓兼容性是指它自身是完全独立的，与应用系统相对无关，可以适用于多种应用系统。综合布线将语音、数据与监控设备的信号线进行统一的规划和设计，采用相同的传输媒体、信息插座、交连设备、适配器等，把这些不同信号综合到一套标准的布线中。

2．开放性

综合布线由于采用开放式体系结构，符合多种国际上现行的标准，因此它几乎对所有著名厂商的产品都是开放的，如计算机设备、交换机设备等；并对所有通信协议也是支持的，如 ISO/IEC8802-3、ISO/IEC8802-5 等。

3．灵活性

传统的布线方式是封闭的，其体系结构固定，若要迁移设备或增加设备相当困难而麻烦，甚至是不可能的。综合布线采用标准的传输线缆和相关连接硬件，模块化设计。所有设备的开通及更改均不需要改变布线，只需增减相应的应用设备以及在配线架上进行必要的跳线管理即可。

4．可靠性

综合布线采用高品质的材料和组合压接的方式构成一套高标准的信息传输通道。所有线槽和相关连接件均通过 ISO 认证，每条通道都要采用专用仪器测试链路阻抗及衰减率，以保证其电气性能。应用系统布线全部采用点到点端接，任何一条链路故障均不影响其他链路的运行，这就为链路的运行维护及故障检修提供了方便，从而保障了应用系统的可靠运行。各应用系统往往采用相同的传输媒体，因而可互为备用，提高了备用冗余。

5．先进性

综合布线采用光纤与双绞线混合布线方式，极为合理地构成一套完整的布线。所有布线均采用世界上最新通信标准，链路均按八芯双绞线配置。五类双绞线带宽可达 100MHz，六类双绞线带宽可达 200MHz。对于特殊用户的需求可把光纤引到桌面(Fiber To The Desk)。语音干线部分用钢缆，数据部分用光缆，为同时传输多路实时多媒体信息提供足够的带宽容量。

6．经济性

综合布线相比传统布线具有经济性优点，综合布线可适应相当长时间的需求，传统布线改造很费时间，耽误工作造成的损失更是无法用金钱计算。

通过上面的讨论可知，综合布线较好地解决了传统布线方法存在的许多问题，随着科学技术的迅猛发展，人们对信息资源共享的要求越来越迫切，越来越重视能够同时提供语音、数据和视频传输的集成通信网。因此，综合布线取代单一、昂贵、复杂的传统布线，是历史发展的必然趋势。

1.4 综合布线系统的基本形式

在 GB 50311-2007《综合布线系统工程设计规范》国家标准中规定，在智能建筑与智能建筑园区的工程设计中，宜将综合布线系统分为基本型、增强型、综合型 3 种常用形式。

1．基本型综合布线系统

基本型综合布线系统的突出特点是：能够满足用户语音和数据等基本使用要求，不考虑更多未来变化需求，争取以高性价比方案满足用户要求。基本型综合布线系统大多数能够支持语音和数据需要，能支持所有电话语音传输的应用，能支持多种计算机系统数据传输的应用，系统管理维护方便和简洁，如图 1-4-1 所示。

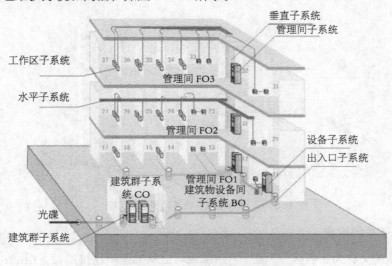

图 1-4-1　综合布线工程教学模型

2．增强型综合布线系统

增强型综合布线系统的突出特点就是不仅具有增强功能，而且还有扩展功能。它能够支持电话语音和计算机数据应用，能够按照需要利用端子板进行管理。其主要特征就是在每个工作区有 2 个信息插座，任何一个信息插座都可提供电话语音和计算机高速数据应用，不仅机动灵活，而且功能齐全，还可以统一色标，按需要利用端子板进行管理。

增强型综合布线系统就是能为多个数据应用部门提供应用服务的综合布线方案。

3．综合型综合布线系统

综合型综合布线系统的主要特点是引入光缆，可适用于规模较大的智能大楼。

1.5　综合布线系统的构成

按照 GB 50311-2007《综合布线系统工程设计规范》国家标准规定，在工程设计阶段，把综合布线系统工程按照以下 7 个部分进行分解，如图 1-5-1 所示。

- 工作区子系统
- 设备间子系统
- 配线子系统
- 进线间子系统
- 垂直子系统
- 管理间子系统
- 建筑群子系统

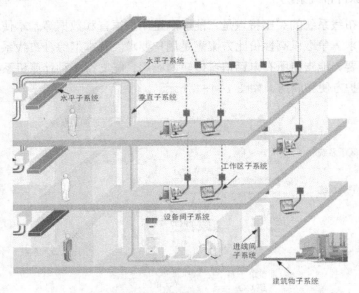

图 1-5-1　综合布线系统 7 项子系统工程

1．工作区子系统构成

工作区子系统又称为服务区子系统，它由跳线与信息插座所连接的设备组成，如图 1-5-2 所示。

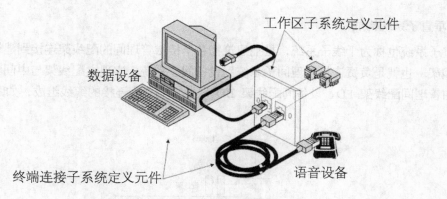

图 1-5-2　工作区子系统连接设备

图 1-5-3 所示工作场景是工作区子系统场景示意图，显示了工作区子系统的线缆连接以及设备安装场景。

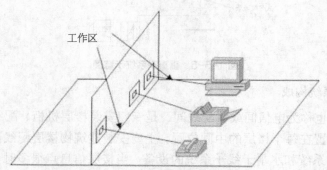

图 1-5-3　工作区子系统示意图

2．水平子系统构成

水平子系统也称为配线子系统，一般由工作区信息插座模块、水平缆线、配线架等组成。实现工作区信息插座和管理间子系统的连接，包括所有缆线和连接硬件，水平子系统一般使用双绞线电缆，常用的连接器件有信息模块、面板、配线架、跳线架等附件，如图 1-5-4 所示。

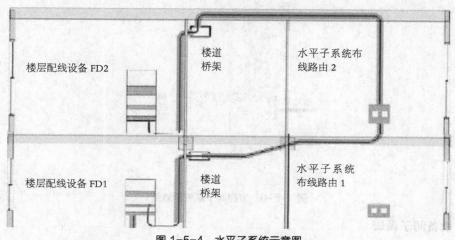

图 1-5-4　水平子系统示意图

3．垂直子系统构成

垂直子系统也称为干线子系统，是把建筑物各个楼层管理间的配线架连接到建筑物设备间的配线架，也就是负责连接管理间子系统到设备间子系统，实现主配线架与中间配线架的连接，由管理间配线架 FD、设备间配线架 BD 以及它们之间连接的缆线组成，如图 1-5-5 所示。

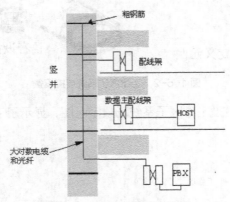

图 1-5-5　垂直子系统示意图

4．管理间子系统构成

管理间子系统也称为电信间或者配线间，是专门安装楼层机柜、配线架、交换机的楼层管理间。一般设置在每个楼层的中间位置，主要安装建筑物楼层配线设备，管理间子系统也是连接垂直子系统和水平干线子系统的设备。当楼层信息点很多时，可以设置多个管理间。

信息点较少或者基本型综合布线系统也可以将楼层管理间设置在房间的一个角或者楼道内，如果管理间在楼道时必须使用壁挂式机柜，如图 1-5-6 所示。

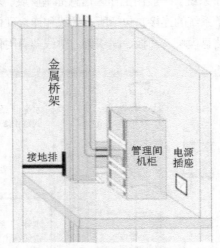

图 1-5-6　管理间子系统示意图

5．设备间子系统

设备间子系统是建筑物的网络中心，有时也称为建筑物机房。一般智能建筑物都有一个独立的设备间，因为它是对建筑物的全部网络和布线进行管理和信息交换的地方。

设备间子系统位置和大小应该根据系统分布、规模以及设备的数量来具体确定，通常由电缆、连接器和相关支撑硬件组成，通过缆线把各种公用系统设备互连起来，主要设备有计算机网络设备、服务器、防火墙、路由器、程控交换机、楼宇自控设备主机等。

每幢建筑物内应至少设置 1 个设备间，如果电话交换机与计算机网络设备分别安装在不同的场地。或根据安全需要，也可设置 2 个或 2 个以上设备间，以满足不同业务的设备安装需要，如图 1-5-7 所示。

图 1-5-7　设备间子系统示意图

6．进线间子系统

进线间是建筑物外部通信和信息管线的入口部位，并可作为入口设施和建筑群配线设备的安装场地。进线间是 GB 50311 国家标准在系统设计内容中专门增加的，要求在建筑物前期系统设计中要增加进线间，满足多家运营商需要，避免一家运营商自建进线间后独占该建筑物的宽带接入业务。进线间一般通过地埋管线进入建筑物内部，宜在土建阶段实施，如图 1-5-8 所示。

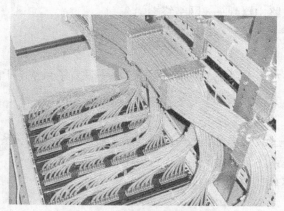

图 1-5-8　进线间子系统示意图

7．建筑群子系统

建筑群子系统也称为楼宇子系统，主要实现建筑物与建筑物之间的通信连接，一般采用光缆并配置光纤配线架等相应设备，它支持楼宇之间通信所需的硬件，包括缆线、端接设备和电气保护装置，如图 1-5-9 所示。

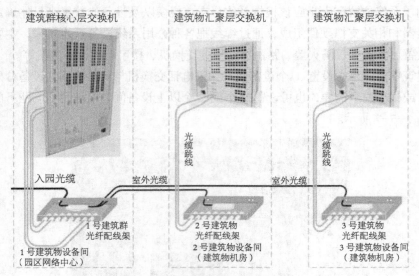

图 1-5-9　建筑群子系统示意图

 四、任务实施

1.6　综合实训：现场勘查校园网综合布线系统

1．综合布线七大子系统实际应用的细节参观流程

现场参观综合布线七大子系统实际应用路线主要按照以下流程。

（1）按综合布线系统拓扑图顺序

从小到大顺序：从网络终端——路由器。

从大到小顺序：从路由器到——网络终端。

（2）按综合布线七大子系统顺序顺序

● 从小到大顺序：

工作区子系统——水平子系统（配线子系统）——垂直子系统（干线子系统）——管理间子系统——设备间子系统——进线间子系统——建筑群子系统统。

● 从大到小顺序：

建筑群子系统——进线间子系统——设备间子系统——管理间子系统——垂直子系统（干线子系统）——水平子系统（配线子系统）——工作区子系统。

（3）按综合布线系统认识规律顺序

● 从主到次顺序

设备间子系统——管理间子系统——垂直子系统——水平子系统——工作区子系统——建筑群子系统——进线间子系统。

● 从明到暗顺序

容易看到的设备间子系统——管理间子系统——工作区子系统不容易看到的建筑群子系

统、进线间子系统、水平子系统、垂直子系统。

2. 综合布线子系统实际网络工程的网络拓扑图

（1）了解网络工程的网络拓扑图，如图1-6-1所示。

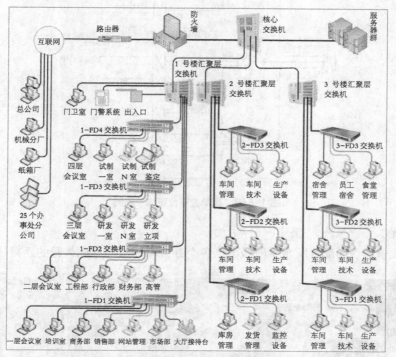

图1-6-1 某单位网络工程的网络拓扑图

（2）熟悉建筑功能平面布局图，如图1-6-2所示。

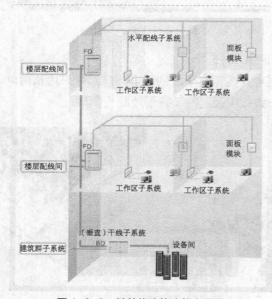

图1-6-2 某单位建筑功能布局图

（3）掌握综合布线总系统图，如图1-6-3所示。

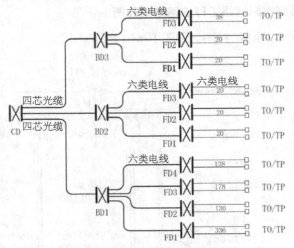

图 1-6-3　某单位综合布线系统图

（4）了解水平子系统，如图1-6-4所示。

水平布线子系统为配线间水平配线架至各个办公室门口的分配线箱的连接线缆。

图 1-6-4　水平子系统

（5）垂直子系统，如图1-6-5所示。

垂直子系统是提供弱电井内垂直干缆的通道。这部分采用预留电缆井方式，在每层楼的弱电井中留出专为综合布线线缆通过的长方形地面孔。

图 1-6-5　垂直子系统

（6）管理间子系统，如图1-6-6所示。

管理子系统连接水平电缆和垂直干线，是综合布线系统中关键的一环，能容易地管理通信线路，使用移动设备时能方便地进行跳接，方便日后的更改、增加、维护。

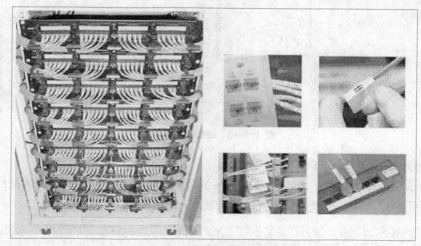

图1-6-6　管理间子系统

（7）设备间子系统，如图1-6-7所示。

设备间子系统是整个布线数据系统的中心单元，实现每层楼汇接来的电缆的最终管理。设备间是在每幢大楼的适当地点设置进线设备，进行网络管理以及管理人员值班的场所。

图1-6-7　设备间子系统

（8）进线间子系统，如图1-6-8所示。

进线间是建筑物外部通信和信息管线的入口部位，并可作为入口设施和建筑群配线设备的安装场地，进线间设置为满足多家运营商需要。

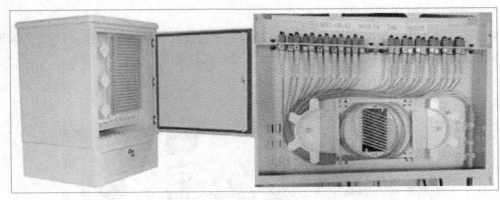

图 1-6-8　进线间子系统

（9）垂直子系统构成，如图 1-6-9 所示。

垂直子系统也称为干线子系统，垂直子系统是把建筑物各个楼层管理间的配线架连接到建筑物设备间的配线架，也就是负责连接管理间子系统与设备间子系统。

图 1-6-9　垂直子系统

（10）管理间子系统构成，如图 1-6-10 所示。

管理间子系统也称为电信间或者配线间，是专门安装楼层机柜、配线架、交换机的楼层管理间。管理间子系统一般设置在每个楼层的中间位置，主要安装建筑物楼层配线设备，管理间子系统也是连接垂直子系统和水平干线子系统的设备。当楼层信息点很多时，可以设置多个管理间。

图 1-6-10　管理间子系统

（11）进线间子系统，如图 1-6-11 所示。

进线间是建筑物外部通信和信息管线的入口部位，并可作为入口设施和建筑群配线设备的安装场地。

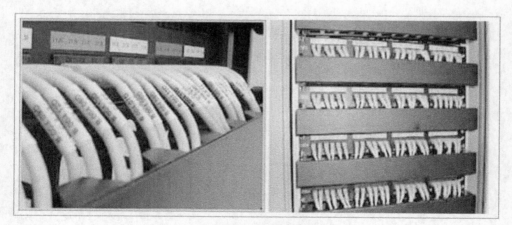

图 1-6-11　进线间子系统

（12）建筑群子系统，如图 1-6-12 所示。

建筑群子系统也称为楼宇子系统，主要实现建筑物与建筑物之间的通信连接，一般采用光缆并配置光纤配线架等相应设备，它支持楼宇之间通信所需的硬件，包括缆线、端接设备和电气保护装置。

图 1-6-12　建筑群子系统

单元2 掌握网络综合布线器材和工具

 一、任务描述

浙江科技工程学校需要改造网络中心的交换机设备，需要针对网络中心的设备重新实施综合布线，因此需要网络中心的管理人员首先对整个项目综合布线实施工作开展计划预算。

本单元主要针对网络综合布线系统工程施工中用到的不同网络传输介质、网络布线配件和布线工具，认识和了解网络综合布线器材和工具。

 二、任务分析

在办公网中实施网络综合布线工程是一件非常复杂又琐碎的工作，需要系统规划网络综合布线系统工程中使用的各种常用器材和各项工具。针对各类器材和工具，需要了解其分类、性能指标、选择、选购、连接方式；需要了解数据传输技术中的术语。

 三、知识准备

2.1 认识网络传输介质

1. 双绞线

双绞线是两根金属线依距离，周期性扭绞组成的电信传输线，是综合布线工程中最常用的一种传输介质。

双绞线接线标准有两种接线标准，分别是 EIA/TIA 568A 标准和 EIA/TIA 568B 标准。其中：

> EIA/TIA 568A 的基本线序：绿白，绿，橙白，蓝，蓝白，橙，棕白，棕。
> EIA/TIA 568B 的基本线序：橙白，橙，绿白，蓝，蓝白，绿，棕白，棕。

通常双绞线按是否有屏蔽层可分为屏蔽双绞线与非屏蔽双绞线两大类。

（1）屏蔽双绞线

屏蔽双绞线类型一般分为 F/UTP（如图 2-1-1 所示）、U/FTP、S/FTP（如图 2-1-2 所示）、SF/UTP 等，名称中斜杠之前为总屏蔽层，斜杠后为双绞线单独屏蔽层，S 指丝网（一般为铜丝网），F 指铝箔，U 指无屏蔽层。目前使用最多的五类、超五类线基本上就是 F/UTP（铝箔总屏蔽屏蔽双绞线），即在 8 根芯线外、护套内有一层铝箔，在铝箔的导电面上铺设了一根接地导线。

图 2-1-1　屏蔽双绞线 F/UTP

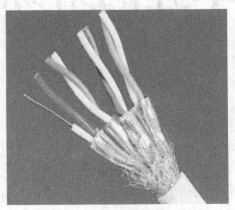

图 2-1-2　屏蔽双绞线 S/FTP

　　屏蔽层的作用简单地说就是利用金属对电磁波的反射，有效地防止外部电磁干扰进入电缆，同时也阻止内部信号辐射出去，干扰其他设备的工作。

　　需要注意的是，屏蔽双绞线只在整个电缆均有屏蔽装置，并且两端正确接地的情况下才起作用。所以，要求整个系统全部使用屏蔽器件，包括电缆、插座、水晶头和配线架等，同时建筑物需要有良好的地线系统。

　　（2）非屏蔽双绞线

　　非屏蔽双绞线价格低，无屏蔽外套，直径小，节省所占用的空间，重量轻，易弯曲，易安装，目前市场占有率高达 90%，如图 2-1-3 所示。

图 2-1-3　非屏蔽双绞线 UTP

　　非屏蔽双绞线按频率和信噪比可分为一类、二类、三类、四类、五类、超五类、六类线、七类线。用在计算机网络通信方面至少是三类以上。现在综合布线工程最常用的是五类、超五类、六类线、七类线。

一类主要用于传输语音（一类标准主要用于 20 世纪 80 年代初的电话线缆），不用于数据传输。

二类传输频率为 1MHz，用于语音传输和最高传输速率为 4Mbit/s 的数据传输，常见于使用 4Mbit/s 规范令牌传递协议的旧令牌网。

三类指目前在 ANSI 和 EIA/TIA568 标准中指定的电缆。该电缆的传输频率为 16MHz，用于语音传输及最高传输速率为 10Mbit/s 的数据传输，主要用于 10base-T。

四类传输频率为 20MHz，用于语音传输和最高传输速率为 16Mbit/s 的数据传输，主要用于基于令牌的局域网和 10base-T/100base-T。

五类增加了绕线密度，外套一种高质量的绝缘材料，传输频率为 100MHz，用于语音传输和最高传输速率为 100Mbit/s 的数据传输，主要用于 100base-T 和 10base-T 网络，这是最常用的以太网电缆。

超五类衰减小，串扰少，并且具有更高的衰减与串扰的比值和信噪比、更小的时延误差，性能得到很大提高。超五类线主要用于千兆位以太网（1000Mbit/s）。相比普通五类绞线而言，超五类的质量工艺用料更好一些，例如传输距离、传输速度等都比五类稍好；明显的区别是，标有"CAT5"字样时说明为五类双绞线，标有"5E"字样为超五类。

六类传输频率为 1MHz～250MHz，它提供 2 倍于超五类的带宽。为了减小线对间串扰，通常六类双绞电缆其不同之处是在线对间采用圆型或片型或十字星型、十字骨架填充物（如图 2-1-4 所示）。十字星型填充的双绞线电缆构造是在电缆中建一个十字交叉中心，把 4 个线对分成分别的信号区。

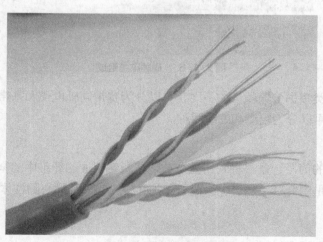

图 2-1-4　六类双绞线

2．大对数线

大对数即多对数的意思，系指很多一对一对的电缆组成一小捆，再由很多小捆组成一大捆（更大对数的电缆则再由一大捆一大捆组成一根更大的电缆）。通常大对数的分类按屏蔽分类：屏蔽、非屏蔽；按级别分类：三类、五类、超五类；按环境分类：室内和室外；按线对分类：25 对、50 对、100 对、200 对等多种不同的方法分类，如图 2-1-5 所示。

图 2-1-5　大对数结构图

3．同轴电缆

同轴电缆是由两根同轴心、相互绝缘的圆柱形金属导体构成基本单元的电缆。铜芯与网状导体同轴，故名同轴电缆。同轴电缆其组成由里往外依次是导体、塑胶绝缘层、屏蔽层和塑料护套，如图 2-1-6 所示。

图 2-1-6　同轴电缆组成

同轴电缆的分类根据传输频带的不同，可以分为宽带同轴电缆和基带同轴电缆。而根据电缆直径的不同，可以分为粗缆和细缆两种。

4．光纤

纤是光导纤维的简写，是一种利用光在玻璃或塑料制成的纤维中的全反射原理而制成的光传导工具。光纤是由纤芯、包层、涂覆层和护套构成的一种同心圆柱体结构，如图 2-1-7 所示。

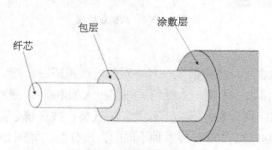

纤芯　　　包层　　　涂敷层

图 2-1-7　光导纤维组成

光纤从材料上分，分为石英系光纤、多组份玻璃光纤、氟化物光纤、塑料光纤等几种类型。由于石英系光纤具有传输衰减小、通信频带宽、机械强度较高等特点，在通信系统中得到广泛应用。

光纤按传输模式分类，分为单模光纤和多模光纤。单模光纤的纤芯相应较细，传输频带宽，容量大，传输距离长，通常在建筑物之间或地域分散时使用。

多模光纤的芯线粗，传输速度低，距离短，整体的传输性能差，但其成本比较低，一般用于建筑物内或地理位置相邻的环境，如图 2-1-8 所示。

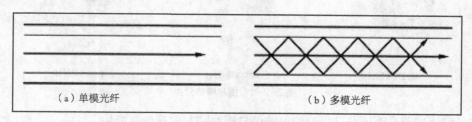

（a）单模光纤　　　　　　　　　　（b）多模光纤

图 2-1-8　单模光纤和多模光纤区别

而光缆是以光纤为传输元件的缆，一般都含有加强元件及必要的护套。光缆中包含的光纤构成缆芯。缆芯可以放在光缆的中心或非中心部位。在光缆中心或外护层内加入钢丝或玻璃纤维增强塑料，用来增强光缆的拉伸强度。

光缆从里到外加入一层或多层圆筒状护套，用来防止外界各种自然外力和人为外力的破坏。护套应具有防水防潮、抗弯抗扭、抗拉抗压、耐磨耐腐蚀等特点。光缆护层常用材料有聚乙烯、聚氯乙烯、聚氨酯和聚酰胺；此外，还有铝、钢、铅等密实的金属层用来防潮，如图 2-1-9 所示。

图 2-1-9　光缆多层圆筒状护套

光缆的连接方法主要有永久性连接、应急连接、活动连接。其中最为常见的连接是永久性光纤连接，又叫热熔。这种连接是用放电的方法将多根光纤的连接点熔化并连接在一起。一般用在长途接续、永久或半永久固定连接。其主要特点是连接衰减在所有的连接方法中最低，典型值为 0.01~0.03dB/点；但连接时，需要专用设备（熔接机）和专业人员进行操作，而且连接点也需要专用容器保护起来。

2.2　认识电缆信息插座

电缆信息插座包括信息模块、面板和底盒 3 部分。

1．信息模块

按频率和信噪比，信息模块分为三类、四类、五类、超五类、六类、超六类、七类等信息模块，如图 2-2-1 所示。

超五类信息模块　　　　　　六类信息模块　　　　　　七类信息模块

图 2-2-1　信息模块分类

信息模块按照是否屏蔽，可分为屏蔽信息模块和非屏蔽信息模块。

屏蔽信息模块通过屏蔽外壳将外部电磁波与内部电路完全隔离。因此它的屏蔽层需与双绞线的屏蔽层连接后，形成完整的屏蔽结构，如图 2-2-2 所示。

图 2-2-2　屏蔽信息模块

按信息模块接口类型可分为 RJ 型接口信息模块和非 RJ 型接口信息模块，如图 2-2-3 所示。

图 2-2-3　RJ11 信息模块和非 RJ 型接口七类 GG45 信息模块

按信息模块是否需要打线工具可分为打线式信息模块和免打线式信息模块。

免打模块是不需要使用打线工具的模块。一般的免打模块上都按颜色标有线序，接线时，将剥好的线插入对应的颜色下，再合上免打模块的盖子即可，如图 2-2-4 所示。

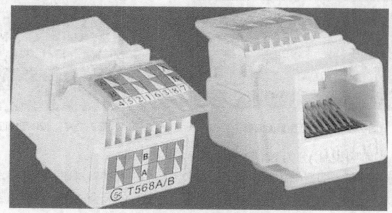

图 2-2-4　免打模块

2．信息面板

信息面板按用户数量分为单口、双口、多口面板，按外型尺寸分为 86 型和 120 型等面板。

其中，86 型信息面板是 86mm×86mm，通常采用高强度塑料材料制成，适合安装在墙面，具有防尘功能，如图 2-2-5 所示。120 型面板是 120mm×86mm，通常采用铜等金属材料制成，适合安装在地面，具有防尘、防水功能。 面板按安装位置分为墙壁、桌面、地面等面板，如图 2-2-6、图 2-2-7 所示。

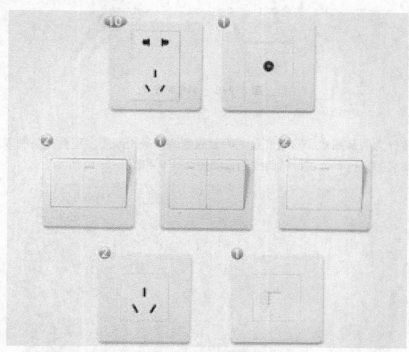

图 2-2-5　86 型墙壁面板

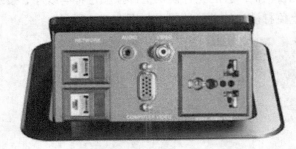

图 2-2-6　120 型桌面面板

图 2-2-7　120 型地面面板

此外，信息面板按材质分为 PC 和 ABS 等面板。

PC 材料信息面板，即聚碳酸酯树脂，是一种主要的工程塑料材质，目前强电开关面板大部分使用此材料。ABS 信息面板是一种综合性能十分良好的混合树脂，综合布线的信息面板大部分使用此类材质。面板按模块插入方向可以分为平口面板和斜角面板。

而斜角信息面板泛指模块口所有向下倾斜的面板。它躲避了平口面板的缺点，灰尘和凝水可以自然滑出模块，跳线始终保持自然的大角度下垂，即使受到外力也不会让弯曲半径小于标准要求，如图 2-2-8 所示。

图 2-2-8　斜角面板

3．底盒

常用底盒分为明装底盒和暗装底盒。明装底盒通常采用高强度塑料材料制成。暗装底盒有塑料材料制成的，也有金属材料制成的，如图 2-2-9 和图 2-2-10 所示。

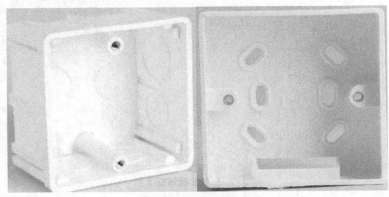

图 2-2-9　常用底盒类型

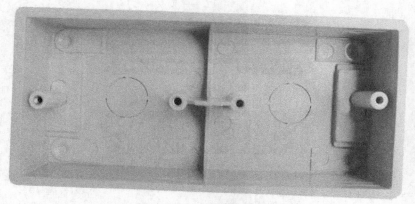

图 2-2-10　明装双位底盒

4．电缆配线架

电缆配线架是电缆进行端接的装置。配线架是管理子系统中最重要的组件，是实现垂直干线和水平布线两个子系统交叉连接的枢纽。配线架通常安装在机柜或墙上。

在配线架上可进行互连或交接操作，起着传输信号的灵活转接、灵活分配以及综合统一管理的作用。配线架按功能分为网络配线架（数据配线架）和语音配线架。

（1）网络配线架按传输介质分为铜缆配线架和光纤配线架，如图 2-2-11 所示。

图 2-2-11　网络配线架（1）

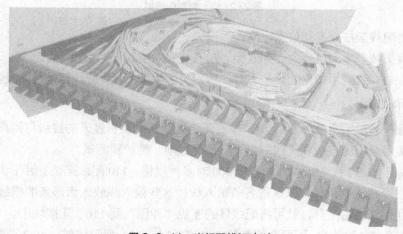

图 2-2-11　光纤配线架（2）

（2）网络配线架按端口是否固定分为固定端口配线架和模块式配线架，如图 2-2-12 所示。

模块式配线架

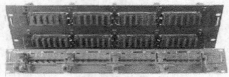

固定式配线架（竖式）

固定式配线架（横式）

图 2-2-12　固定端口配线架

（3）网络配线架按其是否屏蔽可分为非屏蔽配线架和屏蔽配线架。

非屏蔽配线架上的模块是非屏蔽的，因此不能达到屏蔽双绞线的作用，线芯之间依然存在电磁耦合。屏蔽配线架上设置了接地汇集排和接地端子，汇集排将屏蔽模块的金属壳体连结在一起。

屏蔽模块的金属壳体通过接地汇集排，连至机柜内的接集汇接排，完成接地。

屏蔽配线架可分为屏蔽模块+配线架组合和一体化两类结构，如图 2-2-13 所示。

图 2-2-13　屏蔽配线架

（4）网络配线架按频率和信噪比分。

网络配线架按频率和信噪比分为五类、超五类、六类线、七类线等配线架。

目前在一般局域网中常见的是超五类或者六类配线架。七类配线架是目前最新的配线架。

5．语音配线架

语音配线架一般采用 110 配线架，主要是上级程控交换机过来的接线与到桌面终端的语音信息点连接线之间的连线和跳线部分，以便于管理、维护和测试。

110 配线架有 25 对、50 对、100 对、300 对多种规格。110 配线架装有若干齿形条，沿配线架正面从左到右均有色标，以区别各条输入线。这些输入线放入齿形条的槽缝里，再与连接块接合，利用打线钳工具，就可将配线环的连线"冲压"到 110C 连接块上。

110 配线架有多种结构，下面介绍 3 种主要的类型：110A 型配线架、110D 型配线架、110P 配线架。

（1）110A 型配线架

110A 型配线架有若干引脚，俗称带腿的 110 配线架。110A 型配线架可以应用于所有场合，特别是大型电话应用场合，通常直接安装在二级交接间、配线间或设备间墙壁上，如图 2-2-14 所示。

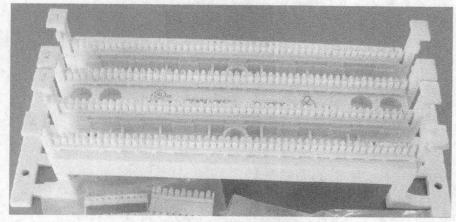

图 2-2-14　110A 型配线架

（2）110D 型配线架

110D 型配线架适用于标准布线机柜安装，如图 2-2-15 所示。

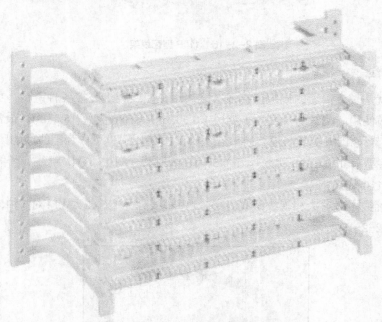

图 2-2-15　110D 型配线架

（3）110P 型配线架

110P 型配线架由 100 对 110D 配线架及相应的水平过线槽组成，安装在一个背板支架上，底部有一个半密闭的过线槽。110P 型配线架有 300 对和 900 对两种，如图 2-2-16 所示。

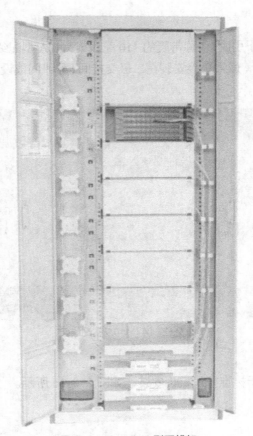

图 2-2-16　110P 型配线架

6.铜缆跳线

铜缆跳线就是长度很短的铜缆连接线。跳线用在配线架上交接各种链路，可作为配线架或设备连接电缆使用。跳线的长度为 1 英尺（0.305m）～500 英尺(15.25m)，最常用的是 3 英尺、5 英尺、7 英尺和 10 英尺长度。跳线在工作区中使用，也可作为配线间的跳线。

铜缆跳线主要有 110-110 跳线 、RJ45—RJ45 跳线、110-RJ45 跳线、智能跳线 4 种。

（1）110-110 跳线

110-110 跳线由鸭嘴头和软线组成。110-110 跳线分为 1 对、2 对和 4 对 3 种，如图 2-2-17、图 2-2-18、图 2-2-19 所示。

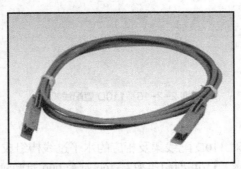

图 2-2-17　1 对 110-110 跳线

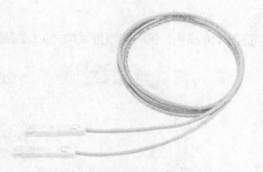

图 2-2-18　2 对 110－110 跳线

图 2-2-19　4 对 110－110 跳线

（2）RJ45—RJ45 跳线

RJ45—RJ45 跳线也叫网络跳线，分为屏蔽和非屏蔽两种，如图 2-2-20、图 2-2-21 所示。

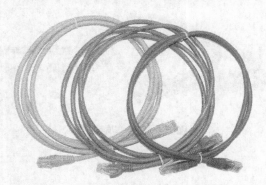

图 2-2-20　非屏蔽 RJ45—RJ45 跳线

图 2-2-21　屏蔽 RJ45—RJ45 跳线

（3）110－RJ45 跳线

110－RJ45 跳线一端适配 110 插头，另一端预置 RJ45 插头的跳线，如图 2-2-22 所示。

图 2-2-22　110－RJ45 跳线

（4）智能跳线

智能跳线采用了独特的九芯电缆，8 芯传输网络数据，1 芯传输扫描信号，插头上具有伸缩性探针。当跳线插入端口后触动开关，这样就不需要特殊的跳线，即可完成链路追踪的功能。但这种方式在操作过程中，要特别保证跳线连接的顺序，这样就会大大减小后期维护和管理的复杂性，如图 2-2-23 所示。

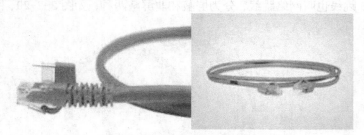

图 2-2-23　智能跳线

7．连接块

（1）水晶头

水晶头是网络连接中重要的接口设备，因其外观像水晶一样晶莹透亮而得名为水晶头。网络水晶头有两种，一种是 RJ45，另一种是 RJ11。

RJ 是 RegisteredJack 的缩写，意思是"注册的插座"。在 FCC（美国联邦通信委员会标准和规章）中的定义是，RJ 是描述公用电信网络的接口，计算机网络的 RJ45 是标准 8 位模块化接口的俗称。在以往的四类、五类、超五类，包括刚刚出台的六类布线中，采用的都是 RJ 型接口。在七类布线系统中，将允许"非-RJ 型"的接口头。

（2）110C 连接块

110 配线系统中都用到了连接块（Connection Block），称为 110C，有 3 对线（110C-3）、4 对线（110C-4）和 5 对线（110C-5）3 种规格的连接块，如图 2-2-24、图 2-2-25 所示。

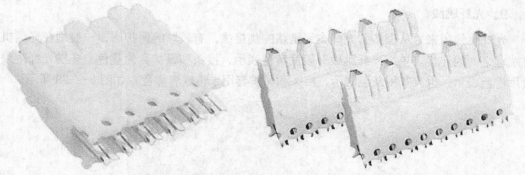

图 2-2-24　3 对 110C 连接块　　　　图 2-2-25　4 对 110C 连接块

（3）鸭嘴连接块

110 配线系统中快速端接还用到鸭嘴连接块，鸭嘴连接块分为 1 对、2 对、4 对鸭嘴连接块，如图 2-2-26 所示。

图 2-2-26　鸭嘴连接块

8．光纤连接器

光纤连接器是装置在光纤末端使两根光纤实现光信号传输的连接器。光纤连接器又称光纤耦合器、分歧器、适配器、法兰盘。光缆连接器的类型按传输媒介的不同可分为硅基和塑胶；按连接头结构形式可分为 FC、SC、ST、LC、D4、DIN、MU、MT 等形式，如图 2-2-27 所示。

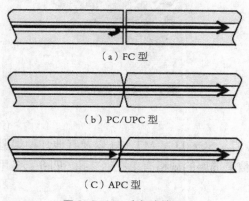

（a）FC 型

（b）PC/UPC 型

（C）APC 型

图 2-2-27　光纤连接器

9．光纤跳线

光纤跳线用来做从设备到光纤布线链路的跳接线，有较厚的保护层，一般用在光端机和终端盒之间的连接。单模光纤跳线一般用黄色表示，接头和保护套为蓝色。多模光纤跳线一般用橙色表示，也有些用灰色表示，接头和保护套用米色或者黑色，如图 2-2-28 所示。

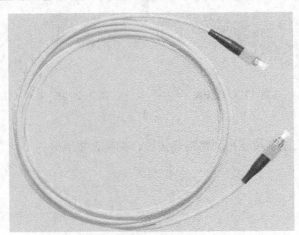

图 2-2-28　光纤跳线

10．光纤尾纤

光纤尾纤又称猪尾线，只有一端有连接头，而另一端是一根光缆纤芯的断头，通过熔接与其他光纤纤芯相连，常出现在光纤终端盒内，用于连接光缆与光纤收发器，如图 2-2-29 所示。

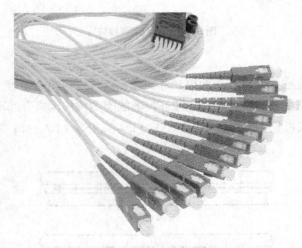

图 2-2-29　光纤尾纤

11．光纤信息插座

光纤信息插座可分成 ST、SC、LC、MT-RJ 以及其他几种类型，按连接的光纤类型类别又分成多模、单模两种。信息插座的规格有单孔、二孔、四孔、多用户等，如图 2-2-30 所示。

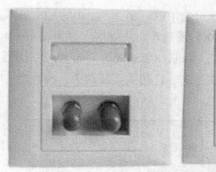

图 2-2-30　光纤信息插座

2.3　认识线槽和线管

1. 线槽

线槽又名走线槽、配线槽、行线槽，是用来将电源线、数据线等线材规范整理，固定在墙上或者天花板上的布线工具，如图 2-3-1 所示。

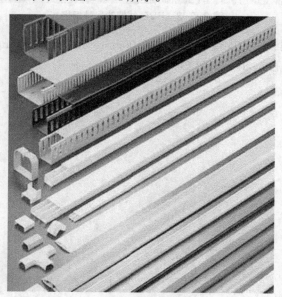

图 2-3-1　线槽

常见的线槽种类有：绝缘配线槽、拨开式配线槽、迷你型配线槽、分隔型配线槽、室内装潢配线槽、一体式绝缘配线槽、电话配线槽、日式电话配线槽、明线配线槽、圆形配线管、展览会用隔板配线槽、圆形地板配线槽、软式圆形地板配线槽、盖式配线槽。

按材质来分，线槽有塑料和金属两种材质，可以起到不同的作用。

其中：PVC（Polyvinylchlorid，聚氯乙烯，一种合成材料）线槽即聚氯乙烯线槽，采用 PVC 塑料制造，具有绝缘、防弧、阻燃自熄等特点，主要用于电气设备内部布线，在 1200V 及以下的电气设备中对敷设其中的导线起机械防护和电气保护作用。使用产品后，配线方便，布线整齐，安装可靠，便于查找、维修和调换线路。

PVC 线槽的品种规格很多,从型号上分有 PVC-20 系列、PVC-25 系列、PVC-25F 系列、PVC-30 系列、PVC-40 系列、PVC-40Q 系列等。从规格上分为 20mm×12mm,25mm×12.5mm,25mm×25mm,30mm×15mm,40mm×20mm 等。与 PVC 线槽配套的附件有:阳角、阴角、直转角、平三通、左三通、右三通、连接头、终端头、接线盒(暗合、明盒)等,如图 2-3-2 所示。

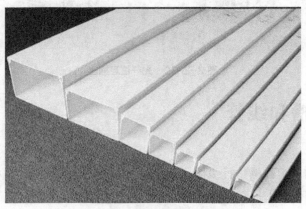

图 2-3-2　PVC 线槽的品种规格

而一般使用的金属线槽的规格有 50mm×100mm、100mm×100mm、100mm×200mm、100mm×300mm、200mm×400mm 等多种,如图 2-3-3 所示。

图 2-3-3　金属线槽

PVC 线槽布线一般用于原有的项目改造过程,一般能采用暗铺的情况不推荐采用明铺。但在已经装修或者施工会对墙面、地板造成较大不良改观的情况下,一般使用线槽进行明铺。金属线槽一般应用于地板上、一些需要经常受力的环境或者需要进行一定程度屏蔽的环境。由于金属线槽有较大的硬度,因而在施工上要比 PVC 线槽的难度大一些。

2. 线管

线管是综合布线工程中不可缺少的配件,一般用于水平布线子系统或者工作区子系统中。

综合布线工程中首先要设计布线线路，安装好管槽系统。管槽系统中使用的材料包括线管材料、槽道材料和防火材料。线管材料有钢管、塑料管、室外用的混凝土管以及高密度乙烯材料（HDPE）制成的双壁波纹管等。

线管按材质分，有塑料和金属两种材质，可以起到不同的作用。

综合布线系统中采用的金属线管主要是焊接钢管，按壁厚的不同分为普通钢管、加厚钢管和薄壁钢管。钢管的规格有多种，以外径 mm 为单位，工程施工中常用的钢管有 D16、D20、D25、D32、D40、D50、D63 等规格。在钢管内穿线比线槽布线难度更大一些，在选择钢管时要注意选择管径稍大的钢管，一般管内填充物占 30%左右，以便于穿线。

在钢管中还有一种是软管（俗称蛇皮软管），在弯曲的地方使用。钢管具有屏蔽电磁干扰能力强、机械强度高、密封性好、具有阻燃性等特点。在机房的综合布线系统中，常常在同一金属线槽中安装双绞线和电源线。

此时，一般将电源线穿在钢管内，再与双绞线一同敷设在线槽中，从而起到良好的电磁屏蔽作用。但随着塑料制品机械强度、密封性、抗弯性、抗压性、抗拉性的提高，钢管正在被塑料制品所取代，如图 2-3-4 所示。

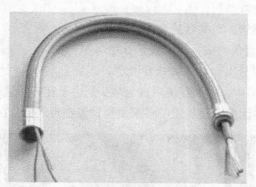

图 2-3-4 蛇皮软管

塑料管是由树脂、稳定剂、润滑剂及添加剂配制挤塑成型的。塑料管产品分为两大类，即 PE 阻燃导管和 PVC 阻燃导管。

其中：PE 阻燃导管是一种塑制半硬导管，按外径有 D16、D20、D25、D32 4 种规格。外观为白色，具有强度高、耐腐蚀、挠性好、内壁光滑等优点，明、暗装穿线兼用，它还以盘为单位，每盘重为 25kg。

而 PVC 管是以聚氯乙稀树脂为主要原料，加入适量的助剂，经加工设备挤压成型的刚性导管。小管径 PVC 阻燃导管可在常温下进行弯曲，是综合布线工程中使用最多的一种塑料管，管长为 4m～6m，具有较好的耐酸性、耐碱性、耐腐蚀性，强度高，具有优异的电气绝缘性能，适用于各种条件下的电线、电缆的保护套管配管工程。

PVC 管按外径分一般有：D16、D20、D25、D32、D40、D45、D63、D25、D110 等规格。

与 PVC 管安装配套的附件有：接头、螺圈、弯头、弯管弹簧；一通接线合、二通接线合、三通接线合、四通接线合、开口管卡、专用截管器、PVC 粗合剂等。

PVC 线管布线一般用于暗埋管线，在建筑过程中直接埋入建筑物墙面。在线管中预留有钢丝，便于在后期布线时拉入网线或者其他缆线。

在现场布线时，如建筑物有弱电井线管，建议走线管，出线管后再走波纹管、PVC 管；如没有线管，可以将网线铺设至 PVC 管内，在暗藏壁内，如图 2-3-5 所示。

图 2-3-5　现场布线场景

与 PVC 管配合一起使用的配件一般有以下几种。

● 管卡：用于固定 PVC 管。
● 接头：用于连接线管，延长线管长度。
● 弯头：一般为 90 直角弯头，用于线管直角弯。
● 三通：用于线管的分支，如图 2-3-6 所示。

在 PVC 管布线的过程中，不推荐使用直角弯头。由于在布线过程中，对于双绞线和光纤都有对曲率半径的要求，因而一般施工中多采用弯管器在现场制作曲率半径比较大的弯管。

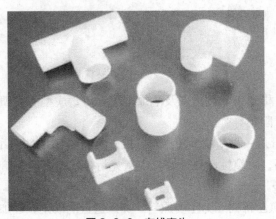

图 2-3-6　布线弯头

2.4　认识桥架和机柜

1. 桥架

桥架是一个支撑和放电缆的支架。桥架在工程上用得很普遍，只要铺设电缆就要用桥架，电缆桥架作为布线工程的一个配套项目，目前尚无专门规范指导，生产厂家规格程式缺乏通用性，因此，设计选型过程应根据弱电各个系统缆线的类型、数量，合理选定适用的桥架。

桥架由支架、托臂和安装附件等组成，按样式来分，可分为槽式、梯式、托盘式、网格式。

选型时应注意桥架的所有零部件是否符合系列化、通用化、标准化的成套要求。

建筑物内桥架可以独立架设，也可以附设在各种建筑物和管廊支架上，应体现结构简单、造型美观、配置灵活和维修方便等特点，全部零件均需进行镀锌处理。安装在建筑物外露天的桥架，如果是在邻近海边或属于腐蚀区，则材质必须具有防腐、耐潮气、附着力好、耐冲击强度高的物性特点。

（1）梯级式电缆桥架

梯级式电缆桥架：梯级式电缆桥架具有重量轻、成本低、造型别致、安装方便、散热、透气好等优点，适用于一般直径较大电缆的敷设，也适合于高、低压动力电缆的敷设，如图2-4-1所示。

图 2-4-1 梯级式电缆桥架

（2）托盘式电缆桥架

托盘式电缆桥架是石油、化工、轻工、电信等方面应用最广泛的一种，具有重量轻、载荷大、造型美观、结构简单、安装方便等优点，既适用于动力电缆的安装，也适合于控制电缆的敷设，如图2-4-2所示。

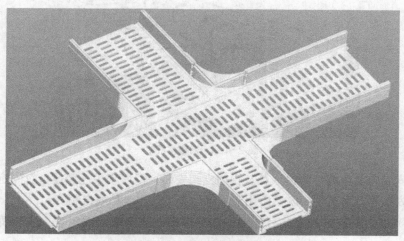

图 2-4-2 托盘式电缆桥架

（3）槽式电缆桥架

槽式电缆桥架是一种全封闭型电缆桥架，适用于敷设计算机电缆、通信电缆、热电偶电缆及其他高灵敏系统的控制电缆等，对控制电缆屏蔽干扰和重腐蚀中环境电缆防护都有较好效果，如图 2-4-3 所示。

图 2-4-3　槽式电缆桥架

（4）网格式桥架

网格式桥架作为一种新型的桥架，不但具有重量轻、载荷大、散热、透气性好、安装方便等优点外，而且在环保节能及方便线缆管理性能等方面，较传统桥架具有不可比拟的优势，势必引领桥架领域的应用变革，如图 2-4-4 所示。

图 2-4-4　网格式桥架

桥架的安装方法主要分为沿天花及管道支架安装，沿墙水平托装或垂直固定，沿竖井安装，沿地面安装等几种类型。安装所用支（吊）架可选用成品或自制。

支（吊）架的固定方式主要有预埋铁件上焊接、膨胀螺栓固定等。安装桥架的时候，要求：

- 电缆桥架安装时应做到安装牢固，横平竖直，沿电缆桥架水平走向的支吊架左右偏差应不大于 10mm，其高低偏差不大于 5mm。
- 电缆桥架与其他管道共架安装时，电缆桥架应布置在管架的一侧；当有易燃气体管道时，电缆桥架应设置在危险程度较低的管道一侧。
- 低压动力电缆与控制电缆共用同一托盘或梯架时，相互间宜设置隔板。
- 在托盘、梯架分支、引上、引下处宜有适当的弯通。
- 连接两段不同宽度或高度的托盘、梯架可配置变宽或变高板。
- 支、吊架和其他所需附件，应按工程布置条件选择。

2．机柜

机柜一般是冷轧钢板或合金制作的用来存放计算机和相关控制设备的物件，可以提供对存放设备的保护，屏蔽电磁干扰，有序、整齐地排列设备，方便以后维护设备。机柜一般分为服务器机柜、网络机柜、控制台机柜等，如图 2-4-5 所示。

图 2-4-5　机柜

很多人把机柜看作是用来装 IT 设备的柜子。但并不仅仅如此，对于计算机本身而言，机柜同样有着和 UPS 电源同样重要的辅助作用。一个好的机柜意味着保证设备可以在良好的环境里运行。所以，机柜所起到的作用同样重要。

机柜系统性地解决了计算机应用中的高密度散热、大量线缆附设和管理、大容量配电及全面兼容不同厂商机架式设备的难题，从而使数据中心能够在高稳定性的环境下运行。

机柜的宽度规格有 600mm、800mm ，深度规格有 600mm、800mm、1000mm ，高度规格是 42U、36U、24U。最常用的机柜的宽度为 600mm，深度为 600mm，高度为 24U，如图 2-4-6 所示。

图 2-4-6　机柜规格

2.5　认识布线工具

1. 铜缆布线工具

信息插座与模块是嵌套在一起的，埋在墙中的网线是通过信息模块与外部网线进行连接的，墙内部网线与信息模块的连接是通过把网线的 8 条芯线，按规定卡入信息模块的对应线槽中。

网线的卡入需要一种专用的卡线工具，称为打线工具，又称为"打线钳"。多对打线工具通常用于配线架网线芯线的安装。

（1）打线工具

110 打线工具即通信高频模块接线工具，适用于线缆、模块、配线型等连接作业。工具头部一般采用特殊材料制作。打线工具打线时，用手在压线口按照线序把线芯整理好，然后开始压接，压接时必须保证打线钳方向正确。有刀口的一边必须在线端方向，正确压接后，刀口会将多余的线芯剪断，否则会损伤网线的铜芯。

打线钳应保证垂直于打线的模块，迅速用力下压。听到"咔嚓"声后，配线架中的发片会划破线芯的绝缘外套，与铜芯接触。

其中，5 对 110 型打线工具是一种简便快捷的 110 型连接端子打线工具，是 110 配线架卡接连接块的最佳手段。一次最多可以接 5 对的连接块，操作简单，省时省力，适用于线缆、跳接块及跳线架的连接作业，如图 2-5-1 所示。

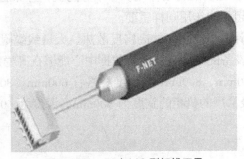

图 2-5-1　5 对 110 型打线工具

而单对 110 型打线工具适用于线缆、110 型模块及配线架的连接作业，使用时只需要简单地在手柄上推一下就能将导线卡接在模块中，完成端接的过程，如图 2-5-2 所示。

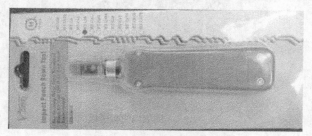

图 2-5-2　单对 110 型打线工具

（2）压接工具

压接工具适用于 RJ45、RJ11 水晶头的压接，一般包括切割、剥线、压接几种功能。

目前市场有多种型号，个别产品只能做 RJ11 或者 RJ45 接头，大多数产品可以同时兼容两种标准，如图 2-5-3 所示。

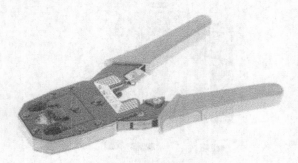

图 2-5-3　压接工具

操作方法：把剥好的 RJ45 或者 RJ11 双绞线按照制作标准理好线序，放入水晶头中，再小心地把水晶头放入压线钳的合适槽内。逐渐压下压线钳，听到"咔嚓"一声轻响，制作完成。

（3）剥线器

剥线器一般外形比较小巧，操作方法为把线放在相应尺寸的孔内，并旋转 3～5 圈，即可除去线缆的外护套，如图 2-5-4、图 2-5-5 所示。

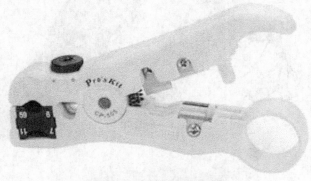

图 2-5-4　五类双绞线剥线钳

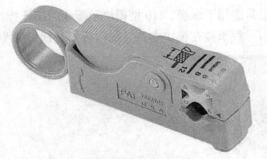

图 2-5-5　同轴电缆剥线钳

（4）测线工具

网络测线工具是用于测试双绞线、同轴电缆是否能够连通的仪器，一般可以用于测试是否连通，及连通的线序两侧是否相同。高级的产品还能够检测线缆的串扰、干扰等信号传输质量，如图 2-5-6 所示。

图 2-5-6　普通双绞线测试器

（5）寻线器

寻线器是一种比较特殊的测量铜线的工具，一般用于检测线缆中间的断点，能在交换机、路由器开机状态下寻线。可快速测试线路的开路、短路及线序等特性，如图 2-5-7 所示。

Motel:TM-8

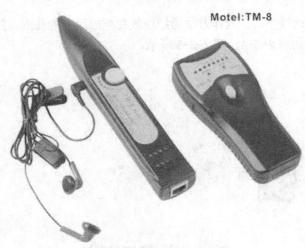

图 2-5-7　寻线器

2. 光缆布线工具

光缆工具主要用于通信光缆线路的施工、维护、巡检及抢修等，主要包括通信光纤的截断、开剥、清洁及光纤端面的切割等工具。

（1）开缆工具

开缆工具的功能是剥离光缆的外护套，有沿线缆走向纵向剖切和横向切断外护套两种开缆方式。

其中，横向开缆刀用于切割室外光缆的黑色外皮，如图 2-5-8 所示。

图 2-5-8　横向开缆工具

而纵向开缆刀用于沿着光缆纵向的切割外皮，如图 2-5-9 所示。

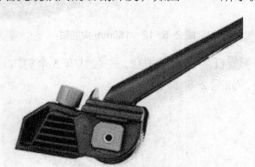

图 2-5-9　纵向开缆刀

（2）光纤剥离钳

光纤剥离钳包括 200mm 钢丝钳和 150mm 斜口钳等。其中，200mm 钢丝钳用来夹持物品，剪断钢丝，如图 2-5-10 所示。

图 2-5-10　光纤剥离钳

150mm 斜口钳用于剪断光缆黑色外皮，如图 2-5-11 所示。

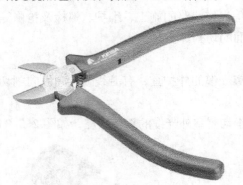

图 2-5-11　150mm 斜口钳

150mm 尖嘴钳：用来拉开光缆外皮或者夹持小件物品，如图 2-5-12 所示。

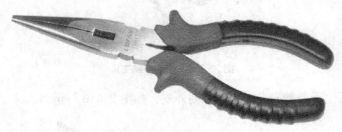

图 2-5-12　150mm 尖嘴钳

光纤剥线钳：用于剪剥光纤的各层保护套，一般共有 3 个剪口，可依次剪剥尾纤的外皮、中层保护套和树脂保护膜，如图 2-5-13 所示。

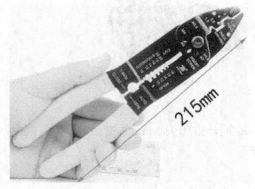

图 2-5-13　光纤剥线钳

（3）光纤切割工具

光纤切割机主要用来切割光纤，使光纤的切口更整齐，保证熔接的质量，减少信号的衰减和损耗，如图 2-5-14 所示。

（4）光纤熔接机

光纤熔接机靠电弧将光纤接头熔化，同时运用准直原理，平缓推进，以实现光纤模场的耦合，如图 2-5-15 所示。

图 2-5-14　光纤切割机

图 2-5-15　光纤熔接机

其他相关的工具一般还有美工刀、活动扳手、清洁球、酒精泵、钢卷尺、镊子、记号笔、红光笔、螺丝批等，如图 2-5-16 所示。

图 2-5-16　其他相关的工具

（5）光纤检测工具

光时域反射仪（Optical Time-Domain Reflectometer，简称 OTDR）是通过对测量曲线的分析，了解光纤的均匀性、缺陷、断裂、接头耦合等若干性能的仪器。

光纤检测工具根据光的后向散射与菲涅耳反向原理制作而成，利用光在光纤中传播时产生的后向散射光来获取衰减的信息，可用于测量光纤衰减、接头损耗、光纤故障点定位以及了解光纤沿长度的损耗分布情况等，是光缆施工、维护及监测中必不可少的工具，如图 2-5-17 所示。

图 2-5-17　光纤检测工具

 四、任务实施

2.6　综合实训 1：铜缆工具使用实训

1．实训耗材

RJ45 水晶头每人 6 个，用于 3 种不同类型网线的制作，包括两条直通线、一条交叉线、一条带端接模块的双绞线的制作。

网线，4M/人。

RJ45 打线模块 2 个。

标签纸，8 贴/人。

2．实训工具 1 套/人

单对 110 型打线工具一个、压接钳一个、剥线器一个、测线器一个。

3．实训过程

分别制作两条直通线和一条交叉双绞线。贴上预先编制好的号码。

制作一条两端连接打线模块的双绞线。

使用测线仪分别测试不同类别的双绞线、不同线序的双绞线，并把结果记录下来。

备注：

带端接模块双绞线的测试需要用到制作好的两条直通线。在实训过程中用到的工具和耗材可以根据学校实际情况按组配给。

2.7 综合实训 2：光纤工具使用实训

1. 实训耗材

光缆 0.5m/组，光纤跳线 1 条/组。

2. 实训工具

横向开缆刀 1 把/组、纵向开缆刀 1 把/组、钢丝钳 1 把/组、斜口钳 1 把/组、尖嘴钳 1 把/组、光纤剥线钳/组、剪刀 1 把/组、光纤切割机 1 台/组、光纤熔接机 1 台/组。光时域反射仪 1 台/组。

美工刀、活动扳手、清洁球、酒精泵、钢卷尺、镊子、记号笔、红光笔、螺丝批 1 套/组。

3. 实训过程

按照要求剥开光缆。

剪开准备好的光纤跳线。

使用工具将光缆的两端分别与剪开的两段光纤跳线熔接。

使用时域反射仪测试光纤熔接后的状态，并把结果记录下来。

备注：

在实训过程中用到的工具和耗材可以根据学校实际情况按组配给。做好的光纤可以剪断后重复使用。光纤切割机和光纤熔接机由于精密度比较高、价格昂贵，在使用时，要求教师做好监督工作，避免不正确的操作损坏仪器。

PART 3

单元 3
了解网络综合布线系统
工程设计

一、任务描述

浙江科技工程学校需要实施校园网络二期工程扩容改造，因此需要针对校园网络扩容重新实施综合布线，因此需要网络中心的管理人员首先对整个项目综合布线实施工作开展计划预算。

小明是网络中心的管理员，需要按照学校整体综合布线工程需要，进行学校网络综合布线系统工程设计，并提交设计报告。

二、任务分析

一个单位要建设综合布线系统，总是要有自己的目的，也就是说要解决什么样的问题。用户的问题往往是实际存在的问题或是某种要求，那么专业技术人员应根据用户的要求进行任务分析，用网络综合布线工程的语言描述出来，使用户对你所做的工程能理解。如把本楼内所有的计算机主机、局域网等主要设备的信息点连接到网管中心（一级节点），形成星型网络拓扑结构设计。

三、知识准备

3.1　综合布线工程设计概述

1. 工程设计需求分析

每个建筑群或群内某个部门要建设计算机网络，总有自己的目的，也就是说要解决什么问题。用户的问题往往是实际存在的问题或某种要求，所以在对计算机网络建设之前，要了解用户的需求分析，并对用户的要求用网络工程语言加以描述，使用户对你所做工程能理解。

建议做法如下：

- 了解地理布局
- 了解用户设备类型

- 了解网络服务范围
- 通信类型
- 网络工程经费投资

2．总体设计

在充分了解网络需求的基础上进行科学的网络布线构思创意，对综合总线布线系统工程做出高屋建瓴的定位，即为总体设计。总体设计是工程施工最重要的依据，只有对综合布线系统进行了合理的总体设计，才有可能对各个子系统进行合理设计。

在进行网络总体设计时，主要应当考虑 3 个方面的问题：采用什么线缆、采用什么路由以及采用什么铺设方式。

对传输距离和传输速率的要求，决定使用光纤还是双绞线、单模光纤还是多模光纤；建筑的物理结构及建筑物的相对位置决定线缆铺设路由；室内外环境破坏程度的承受能力及现有设施的充分利用，决定线缆的铺设方式。

从某种意义上讲，布线设计不仅决定网络性能和布线成本，甚至决定网络能否正常通信。

例如，采用超 s 类非屏蔽双绞线，通常只能支持 100M 的传输速率。在相距较远的建筑间采用多模光纤，将导致建筑物间无法通信；在电磁干扰严重的场所采用非屏蔽双绞线，将导致设备通信失败。因此，在设计布线工程时，应当充分考虑各个方面的因素，并严格执行各种布线标准。

3．网络综合布线施工技术

网络布线施工是将分散的设备、材料按照网络的设计要求和工艺要求，安装起来组成一个完整的介质传输系统，并经过测试和调试确保它们能满足使用要求。一个成功的网络系统，除了要有优质的硬件和良好的设计外，安装施工也是非常重要的因素，所以网络系统的安装人员应具备良好的工艺素质和质量意识。图 3-1-1 和图 3-1-2 所示为施工现场布线方式。

图 3-1-1　空中布线

图 3-1-2　地下管道布线

4．工程验收

验收是整个工程中最后的部分，也是一项系统性的工作，它不仅包含链路连通性、电气和物理特性测试，还包括施工环境、工程器材、设备安装、线缆敷设、线缆终接等的验收。

验收工作贯穿于整个综合布线工程中，每一个阶段都有其特定的内容。验收工作结束的同时，也标志着工程的全面完工。

由于用户都是非专业人士，所以可以聘请相关行业的专家协助有关部门验收，验收时要根据设计要求和相关标准与规范来执行。

3.2　综合布线工程基本设计项目文档

1．设计封面与目录

封面是一份好的项目设计的开始。它应该能简洁而充分地反映该项目的项目名称、项目负责人及制定日期。目录用于记录章节名称、所属关系和页码等情况，按照一定的次序编排而成，是指导阅读、检索图书的工具。

图 3-2-1 所示为封面及目录的制作效果。

××公司综合布线系统

建设工程

项
目
规
划
书

制作人：×××
制作时间：2012 年×月×日

图 3-2-1　制作完成封面及目录

2．点数统计表编制

编制信息点数量统计表的目的是快速准确地统计建筑物的信息点。一般使用 Microsoft Excel 工作表软件进行，如图 3-2-2 所示。

房间号 楼层号		X1		X2		X3		X4		合计		总计
		TO	TP	TO	TP	TO	TP	TO	TP	TO	TP	
三层	TO	2		2		4		4		12		
	TP		2		2		4		4		12	
二层	TO	2		2		4		4		12		
	TP		2		2		4		4		12	
一层	TO	5		5		10		10		30		
	TP		5		5		10		10		30	
合计	TO	9		9		18		18		54		
	TP		9		9		18		18		54	
总计												108
编号：XX 审核：XX 审定：XX XX公司 2012年X年X月												

图 3-2-2　编制信息点数量统计表

3．系统图设计

点数统计表可以非常全面地反映信息点数量和位置，但是不能反映信息点的连接关系，需要通过设计网络综合布线系统图来直观地反映，如图 3-2-3 所示。

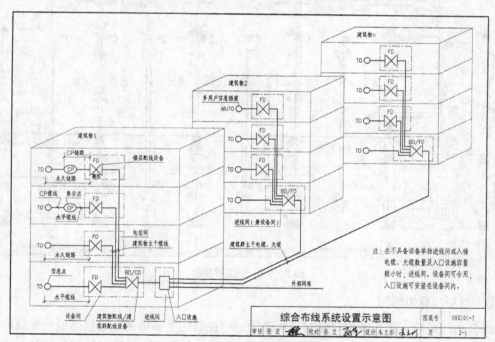

图 3-2-3　设计系统图

4．端口对应表设计

端口对应表是综合布线施工必需的技术文件，主要规定房间编号、每个信息点的编号、端口编号、机柜编号等，主要用于系统管理、施工方便和后续日常维护，如图 3-2-4 所示。

网络系统工程教学模型端口对应表					
序号	信息点编号	机柜号	配线架编号	配线架端口编号	插座底盒编号	房间编号
1	FD-1Z-11	FD1	1	1	1	11
2	FD-1Y-11	FD1	1	2	1	11
3	FD-1Z-12	FD1	1	3	1	12
4	FD-1Y-12	FD1	1	4	1	12
5	FD-1Z-13	FD1	1	5	1	13
6	FD-1Y-13	FD1	1	6	1	13
7	FD-1Z-13	FD1	1	7	2	13
8	FD-1Y-13	FD1	1	8	2	13
9	FD-1Z-14	FD1	1	9	1	14

图 3-2-4　端口对应表

5．施工图设计

综合布线系统的基本结构和连接关系确定以后，需要进行布线路由设计，因为布线路由取决于建筑物结构和功能，布线管道一般安装在建筑物立柱和墙体中。施工图设计的目的就是规定布线路由在建筑物安装的具体位置。图 3-2-5 所示为一般办公室施工平面图。

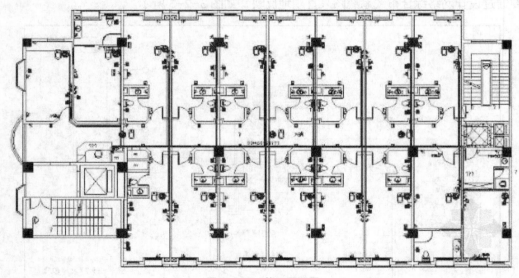

图 3-2-5　施工平面图

6．材料预算表编制

综合布线系统工程的概预算是对工程造价进行控制的主要依据，它包括设计概算和施工图预算。设计概算是设计文件的重要组成部分，应严格按照批准的可行性报告和其他相关文件进行编制，施工图预算则是施工图设计文件的重要组成部分，应在批准的初步设计概算范围内进行。

图 3-2-6 所示为综合布线系统材料预算表。

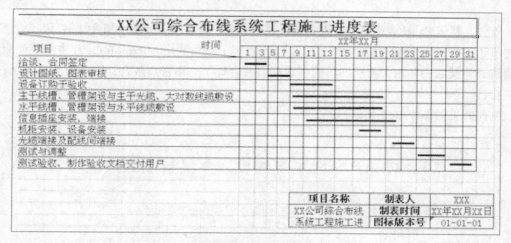

图 3-2-6　材料预算表

7．施工进度表编制

施工进度控制的关键就是编制施工进度计划，合理安排好前后工作的次序，能对整个工程按时、按质、按量完成起到正面促进的作用。图 3-2-7 所示为施工进度表。

图 3-2-7　施工进度表

3.3　项目文档点数统计表制作

工作区信息点点数统计表简称点数表，是设计和统计信息点数量的基本工具和手段。

编制信息点数量统计表的目的是快速准确地统计建筑物的信息点。点数信息表一般采用 Microsoft Excel 进行编写。

1．编制点数统计表的要点

（1）表格设计合理

制作完成的表格要进行打印，方便工程技术人员了解每个工作区的点数，处理完成的表格宽度和文字大小合理，特别是文字不能太大或太小。

（2）数据正确

每个工作区都必须填写数量正确的信息点数字，没有遗漏信息点和多出信息点。对于没有信息点的工作区或者房间填写数字 0，表明已经分析过该工作区。

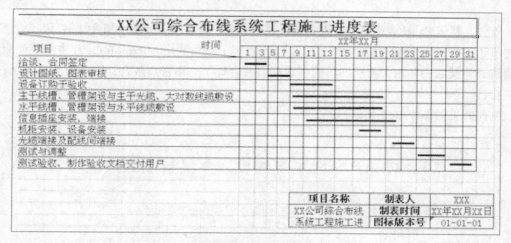

（3）文件名称正确

作为工程技术文件，文件名称必须准确，能够直接反映该文件内容。

（4）签字和日期正确

作为工程技术文件，编写、审核、审定、批准等人员签字非常重要，如果没有签字就无法确认该文件的有效性，也没有人对文件负责，更没有人敢使用。日期直接反映文件的有效性，因为在实际应用中，可能会经常修改技术文件，一般是最新日期的文件替代以前日期的文件。

2．信息点点数统计表的制作方法

利用 Microsoft Excel 软件进行制作，一般常用的表格格式为房间按照列表示，楼层按照行表示。

第一行为项目名称或设计对象名称，第二行为房间或区域名称，第三行为房间号，每个房间分为两列，分别表示数据点和语音点，最后几列分别统计语音点数、数据点数和信息点数。

首先，制作 Excel 表格格式、表名及行、列表头；再输入楼层编号和合计信息，设置整个表的单元格格式为“水平居中对齐、垂直居中对齐”；最后利用 Microsoft Excel 中的统计函数，分别统计“楼层一”～“楼层四”的“数据点数合计”、“语音点数合计”、“信息点数合计”和“合计”。

制作效果如图 3-3-1 所示。

	A	B	C	D	E	F	G	H	I	J	K	L	M	N	O	P
1	XX公司综合布线系统建设工程信息点点数统计表															
2	楼层编号	房间或区域编号												数据点数合计	语音点数合计	信息点数合计
3		01		02		03		04		05		06				
4		数据	语音	数据	语音	数据	语音	数据	语音	数据	语音	数据	语音			
5	楼层一	2		2		2		4		2		4		16		
6			2		2		2		4		2		4		16	
7	楼层二	2		4		2		2		4		2		16		
8			2		4		2		2		4		2		16	
9	楼层三	4		2		2		2		2		2		14		
10			4		2		2		2		2		2		14	
11	楼层四	2		4		4		2		2		2		16		
12			2		4		4		2		2		2		16	
13	合计	10		12		10		10		10		10		62		124
14			10		12		10		10		10		10		62	

图 3-3-1　信息点点数统计表

添加必要的设计信息说明，如图 3-3-2 所示。

	A	B	C	D	E	F	G	H	I	J	K	L	M	N
17				项目名称					制表人			XXX		
18				XX公司综合布线系统建设工程信息点点数统计表					制表时间			XX年XX月XX日		
19									图表版本号			01-01-01		

图 3-3-2　信息点点数统计表说明信息

3.4 综合布线系统图设计

综合布线系统图非常重要，它直接决定网络应用拓扑图，因为网络综合布线系统是在建筑物建设工程中预埋的管线，后期无法改变。所以网络应用系统只能根据综合布线系统来设置和规划，因此网络综合布线系统图直接决定了网络拓扑图。

1．综合布线系统图的设计要点

（1）图形简单明了

系统图的制作不需要复杂，尽量用最简单的内容表示整个综合布线系统的整体连接构建方式。

（2）连接关系清楚

设计系统图的目的就是为了规定信息点的连接关系，因此必须按照相关标准规定，清楚地给出信息点之间的连接关系，信息点与管理间、设备间配线架之间的连接关系，也就是清楚地给出 CD-BD、BD-FD、FD-TO 之间的连接关系，这些连接关系实际上决定网络拓扑图。

（3）线缆型号标记正确

在系统图中要将 CD-BD、BD-FD、FD-TO 之间设计的缆线规定清楚，特别要标明是光缆还是电缆。就光缆而言，有时还需要标明是室外光缆还是室内光缆，在详细时还要标明是单模光缆还是多模光缆，这是因为如果布线系统设计了多模光缆，在网络设备配置时就必须选用多模光纤模块的交换机。系统中规定的缆线也直接影响工程总造价。

（4）完整说明

系统图设计完成后，必须在图纸的空白位置增加设计说明。由于图例说明只能简要地说明各个元素的连接方式，而实际上的一些信息点总数、连接方式、线缆类型、数量等都需要用简要的文字进行说明。

（5）图面布局合理

任何工程图纸都必须注意图面布局合理、比例合适、文字清晰。图面一般布置在图纸的中间位置。

（6）标题栏完整

标题栏是任何工程图纸都不可缺少的内容，一般在图纸的右下角。标题栏一般至少包括以下内容：建筑工程名称、项目名称、工种、图纸编号、设计人签字、审核人签字、审定人签字。

2．制作综合布线系统图

制作综合布线系统图一般包括以下几个要点。

● 对照项目需求，明确综合布线系统中出现的子系统。

● 从客户需求中确定线缆线路及接口模块类型。

● 确定系统图中使用的各个图标的含义。

完成前期的准备工作后，将相关资料汇总，利用 CAD 绘制比较完整的综合布线系统图。利用 CAD 新建图像样板。在绘图页面输入该系统图的名称"××公司综合布线系统图"，设置字体为"黑体"，字号为"12 号"。利用虚线"------"模拟表示各个楼层。该项目中共有 4 层楼，以 4 层为例，在模拟楼层的表示中，着重突出 4 楼的位置，其余楼层用"其他楼层"这样的文字加以简单标注。

系统图中各图标的含义如图 3-4-1 所示。

图标	表示作用	图标	表示作用
BD	建筑物子系统	— · — · — · —	水平子系统线缆 5e 非屏蔽双绞线
FD	管理间子系统	● — · ● — · —	垂直子系统线缆 六芯室内多模光纤
D V	工作区子系统 其中 (D) 5e 类信息模块，数据接口 (V) 5e 类信息模块，语音接口	— · — · — · —	垂直子系统线缆 100 对 3 类大对数电缆
		▬▬▬▬▬	大楼外接线缆

图 3-4-1　系统图中图标含义

除了以上的图例说明外，简短的文字说明也是必不可少的。说明文字一般写在系统图的右下方。制作效果如图 3-4-2 所示。

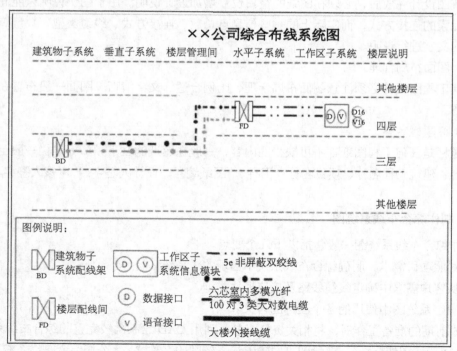

图 3-4-2　说明文字

3.5　信息点端口对应表设计

综合布线端口对应表是一张记录端口编号信息与其所在位置的对应关系的二维表，主要规定房间编号、每个信息点的编号、端口编号、机柜编号等，它是网络管理人员在日常维护和检查、综合布线系统端口过程中，快速查找和定位端口的依据。

端口对照表可以分为机柜配线架端口标签编号对照表和端口标签号位置对照表。前者表示机柜配线架各个端口信息点编号的对应关系，后者表示信息点编号和其物理位置的关系。

1．端口对应表编制要求

（1）表格设计合理

一般使用 A4 幅面竖向排版的文件，要求表格打印后，表格宽度和文字大小合理，编号清楚，特别是编号数字不能太小或者太大，一般使用小四或五号字。

（2）编号正确

信息点端口编号一般由数字+字母组成，编号中必须包含工作区位置、端口位置、配线架编号、配线架端口编号、机柜编号等信息，能够直观反映信息点与配线架端口的对照关系。

（3）文件名正确

端口对应表可以按照建筑物编制，也可以按照楼层编制，或者按照 FD 配线机柜编制，无论采取哪种编制方法，都要在文件名称中直接体现端口的区域，因此文件名必须准确，能够直接反映该文件内容。

（4）签字和日期正确

作为工程技术文件，编写、审核、审定、批准等人员签字非常重要，如果没有签字就无法确认该文件的有效性，也没有人对文件负责，也不会有人使用。日期直接反映文件的有效性，因为在实际应用中，可能会经常修改技术文件，一般是最新日期的文件代替以前日期的文件。

2．制作信息点端口对应表

首先，制作表名及表头；其次，制作各配线架的表格区域；再为各个信息点标签编号编排位置，并输入制表人及其他相关信息，完整的机柜配线架端口标签编号对照表制作效果。如图 3-5-1 所示。

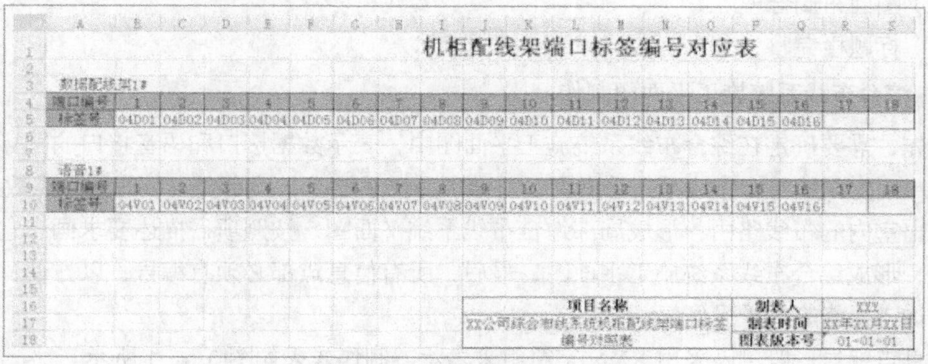

机柜配线架端口标签编号对应表

数据配线架1#

端口编号	1	2	3	4	5	6	7	8	9	10	11	12	13	14	15	16	17	18
标签号	04D01	04D02	04D03	04D04	04D05	04D06	04D07	04D08	04D09	04D10	04D11	04D12	04D13	04D14	04D15	04D16		

语音1#

端口编号	1	2	3	4	5	6	7	8	9	10	11	12	13	14	15	16	17	18
标签号	04V01	04V02	04V03	04V04	04V05	04V06	04V07	04V08	04V09	04V10	04V11	04V12	04V13	04V14	04V15	04V16		

项目名称	制表人	XXX
XX公司综合布线系统机柜配线架端口标签编号对照表	制表时间	XX年XX月XX日
	图表版本号	01-01-01

图 3-5-1　信息点端口对应表

完整的端口标签号位置对照总表制作效果如图 3-5-2 所示。

标签编号	编号位置	标签编号	编号位置
04D01	401	04V01	401
04D02	402	04V02	402
04D03		04V03	
04D04	403	04V04	403
04D05		04V05	
04D06		04V06	
04D07		04V07	

图 3-5-2　信息点端口对照总表

3.6　施工图设计

点数统计表、系统图以及端口对应表的完成，基本确定了综合布线系统的基本结构和连接关系。

由于布线的路由取决于建筑物结构和功能，布线管道一般安装在建筑立柱和墙体中，不可更改，所以在施工前要进行施工图的设计，施工图力求简单明了，能突出反映各个信息点的内容，以及布线路由在建筑物中安装的具体位置。施工图一般使用平面图。

1．施工图设计要求

（1）图形符号正确

施工图设计的图形符号，首先要符合相关建筑设计标准和图集规定。

（2）布线路由设计合理

施工图设计了全部线缆和设备等器材的安装管道、安装路径、安装位置等，也直接决定工程项目的施工难度和成本。

（3）位置设计合理正确

在施工图中，对穿线管、网络插座、桥架等的位置设计要合理，符合相关标准规定。

（4）说明完整

（5）图面布局合理

（6）标题栏完整

2．综合布线系统施工平面图制作

首先，需要确定在综合布线系统施工平面图中，表示数据接口和语音接口的图标；再制作完成单间房间的综合布线系统平面图，对照项目描述要求，确定要安装的信息点数量。

画出室内的布线路由，形成局部综合布线系统平面图，按照项目描述要求画出它们的布线路由，形成综合布线系统施工平面图，最后，所有信息点都必须有编号，以方便日后进行各种查询、检修等维护操作。

信息点编号一般可以采用 XYN 字符组来表示，制作效果如图 3-6-1 所示。

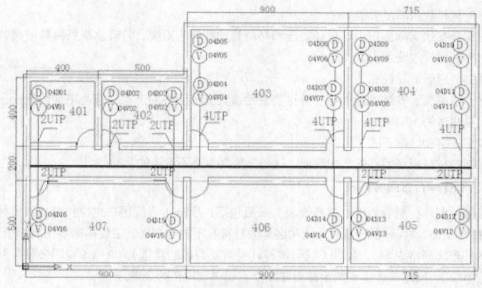

图 3-6-1　制作施工平面图

最后，在完成平面设计图后，基本的设计已经完成。但考虑到施工者在参考该图进行施工时，对各个图标的理解要保持一致，所以要对施工图进行必要的图例说明和简要的文字说明。添加项目名称、制作人、制作时间和平面图设计版本号信息。

3.7　材料表编制

材料表主要用于工程项目材料采购和现场施工的管理，是施工方内部使用的技术文件，必须详细写清楚全部主材、辅助材料以及消耗材料的名称、型号、数量等。

在该表的统计和制作过程中，力求简单直观，并能准确地反映出各种材料在整个建设项目中的预算量。

1．材料表编制要求

（1）表格设计合理

材料表一般采用 Microsoft Excel 进行设计，编制好的材料表要求打印，方便工程技术人员查看，所有要求表格设计要合理，文字大小适中，编号数字清楚。

（2）文件名称正确

材料表一般按照项目名称命名，如：××公司综合布线系统材料表。

（3）材料名称和型号正确

材料表主要用于材料采购和现场管理，因此材料名称和型号必须正确，并且使用规范名词术语。

（4）材料规格齐全

综合布线工程实际施工中，涉及缆线、配件、辅助材料、消耗材料等很多品种或者规格，材料表中的规格必须齐全。如果缺少一种材料就可能影响施工进度，也会增加采购和运输成本。

（5）材料数量满足需要

在综合布线实际施工中，现场管理和材料管理都非常重要，管理水平低材料浪费就多，管理水平高材料浪费就少。

（6）考虑低值易耗品

对于水晶头、安装螺丝、标签等这类使用量大且易丢失的产品，适当增加数量，一般按照工程总用量的10%增加。

（7）签字和日期正确

编制的材料表必须有签字和日期，这是工程文件必不可少的。

2．制作综合布线材料表

首先，制作材料表表头。材料表表头一般包括：序号（方便用户定位和查找具体材料内容）、材料名称、材料规格/型号（同种名称的材料有不同的规格，工程中需要用到哪个规格/型号材料在此列举说明）、数量（说明该种材料需要购进的数量）、单位（说明各种材料的单一采购单位）、用途简述（说明该材料在整个工程中该用在哪个地方）。

再阅读项目文字说明及平面施工图，获得材料表各表项。

从项目说明文字和施工平面图，统计出完成该项目需要用到的材料，包括：双口信息插座（含模块）、插座底盒、超五类非屏蔽双绞线、PVC线槽、配线架、理线环、网络机柜、水晶头、标签、机柜螺丝、线槽三通等。其中，把终端、标签、机柜螺丝、线槽三通等零星琐碎的材料归纳为"标签等零星施工耗材或辅材"。

最后统计材料原始数量，如图3-7-1所示。

序号	材料名称	材料规格/型号	数量	单位	用途简述
		XX公司综合布线系统材料表			
1	双口信息插座（含模块）	超5类RJ-45接口86系列塑料	16	套	
2	插座底盒	明装，86系列塑料	16	个	
3	超5类非屏蔽双绞线	Cat 5e 4PR UTP	5	箱	
4	线槽	PVC，白色	200	米	
5	配线架	1U 24口超5类	2	个	
6	100对机柜式配线架	110卡管配线架，1U	1	个	

图3-7-1 综合布线材料表

3.8 预算表编制

综合布线系统工程预算表是对工程造价进行控制的主要依据，它包括设计预算和施工图预算。设计预算是设计文件的重要组成部分，应严格按照批准的可行性报告和其他相关文件进行编制。

这个表格的制作为项目的投入经费判定打下了重要的基础。

1．预算表编制要求

（1）表格设计合理

材料表一般采用 Microsoft Excel 进行设计，编制好的材料表要求打印，方便工程技术人员查看。所有要求表格设计要合理，文字大小适中，编号数字清楚。

（2）文件名称正确

预算表一般按照项目名称命名，如：××公司综合布线系统材料预算表。

（3）预算表价格正确

预算表直接决定经费的投入，所以表格中的材料型号、数量及价格要详细、准确。

（4）签字和日期正确

编制的材料表必须有签字和日期，这是工程文件必不可少的。如果表格内容发生变化，则签字和日期也要进行相应的更新。

2．制作综合布线材料预算表

材料预算表表头一般包括：序号（方便用户定位和查找具体材料内容）、材料名称、材料规格/型号（同种名称的材料有不同的规格，工程中需要用到哪个规格/型号材料在此列举说明）、单价（说明该材料的单一采购，方便在后面预算各种材料小计）、数量（说明该种材料需要购进的数量）、单位（说明各种材料的单一采购单位）、小计（说明在预算中采购该项材料共需花费的数值）、用途简述（说明该材料在整个工程中该用在哪个地方）。

再从项目说明文字和施工平面图，统计出完成该项目需要用到的材料，包括：双口信息插座（含模块）、插座底盒、超五类非屏蔽双绞线、PVC 线槽、配线架、理线环、网络机柜、水晶头、标签、机柜螺丝、线槽三通等。其中，把终端、标签、机柜螺丝、线槽三通等零星琐碎的材料归纳为"标签等零星施工耗材或辅材"。

最后统计数量及单价，并根据统计的数量及单价，计算出表中"小计"列。

整体效果如图 3-8-1 所示。

序号	材料名称	材料规格/型号	单价（元）	数量	小计（元）	单位	用途简述
		XX公司综合布线系统材料预算表					
1	双口信息插座（含模块）	超5类RJ-45接口86系列塑料	60	16	960	套	
2	插座底盒	明装，86系列塑料	1	16	16	个	
3	超5类非屏蔽双绞线	Cat 5e 4PR UTP	750	5	3750	箱	
4	线槽	PVC，白色	3	200	600	米	
5	配线架	1U 24口超5类	1000	2	2000	个	

图 3-8-1 综合布线材料预算表

3.9 施工进度表

综合布线系统工程预算表是对工程造价进行控制的主要依据，它包括设计预算和施工图预算。设计预算是设计文件的重要组成部分，应严格按照批准的可行性报告和其他相关文件进行编制。

这个表格的制作为项目的投入经费判定打下了重要的基础。

1．编制施工进度表需要注意的问题

（1）项目内容

各个项目的具体名称及内容是可以变化的，根据实际要完成的工程进行相应的修改。本施工进度表中出现的只是需要完成该工程的实际操作的醒目名称。

（2）时间长短的安排

对于各个项目完成时间的长短安排也不是固定的，可以以天为计量单位，也可以以周为计量单位，具体内容根据实际情况而定。

2．制作综合布线施工进度表

根据实际情况进行综合布线工程的项目内容划分。在此基础上，制作施工进度表的表名及表头。然后，按实际施工时间需求规划日期安排。完整的施工进度表制作效果如图 3-9-1 所示。

图 3-9-1　综合布线施工进度表

四、任务实施

3.10　综合实训1：网络模块端接实训

1．实训目的

掌握网线的色谱、剥线方法、预留长度和压接顺序。

掌握通信配线架模块的端接原理和方法，常见端接故障的排除。

掌握常用工具和操作技巧。

2. 实训要求

完成 6 根网线的两端剥线，不允许损伤线缆铜芯，长度合适。

完成 6 根网线的两端端接，共端接 96 芯线，端接正确率 100%。

排除端接中出现的开路、短路、跨接、反接等常见故障。

2 人一组，2 课时完成。

3. 实训设备、材料和工具

网络配线实训装置。

实训材料包 1 个。内装长度 500mm 的网线 6 根。

剥线器 1 把，打线钳 1 把，钢卷尺 1 个。

4. 实训步骤

- 实训材料和工具准备，取出网线。
- 剥开外绝缘护套。
- 拆开 4 对双绞线。
- 拆开单绞线。
- 打开网络压接线实验仪电源。
- 按照线序放入端接口并且端接。端接顺序按照 568B 从左到右依次为"白橙、橙、白绿、蓝、白蓝、绿、白棕、棕"，如图 3-10-1 所示。

图 3-10-1　端接顺序

- 另一端端接。
- 故障模拟和排除。

重复以上操作，完成全部 6 根网线的端接。压接完线芯，对应指示灯不亮，而有错位的指示灯亮时，表明上下两排中，有 1 芯线序压错位，必须拆除错位的线芯，重复在正确位置压接，直到对应的指示灯亮。

- 拆开单绞线和端接模块。

根据线序和模块刀口位置分别拆开单绞线，把线芯按照线序逐一放到对应的模块刀口，用压线钳快速压紧，在压接过程中利用压线钳前端的小刀片裁剪掉多余的线头，盖好防尘罩。

进行网络模块和 5 对连接块端接时，必须按照端接顺序和位置，把每对绞线拆开，并且端接到对应的位置。

每对绞线拆开绞绕的长度越少越好，特别在六类、七类系统端接时非常重要，因为这直接影响永久链路的测试结果和传输速率。

图 3-10-2、图 3-10-3 和图 3-10-4 所示为 RJ45 模块的端接过程。

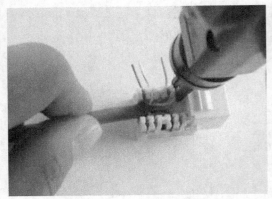

图 3-10-2　RJ45 模块端接过程 1

图 3-10-3　RJ45 模块端接过程 2

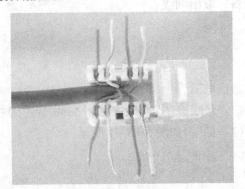

图 3-10-4　RJ45 模块端接过程 3

如图 3-10-5 所示，完成端接测试。

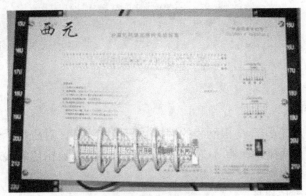

图 3-10-5　端接测试

5．实训报告

写出网络线 8 芯色谱和 568B 端接线顺序。

写出模块端接原理。

写出压线钳操作注意事项。

3.11 综合实训 2：基本永久链路实训（RJ45 网络配线架 +跳线测试仪）

1. 实训目的

掌握网络永久链路。

掌握网络配线架的端接方法。

掌握网络跳线制作方法和技巧。

熟悉掌握网络端接常用工具和操作技巧。

2. 实训要求

完成 4 根网络跳线制作，一端插在测试仪 RJ45 口中，另一端插在配线架 RJ45 口中。

完成 4 根网络线端接，一端 RJ45 水晶头端接并且插在测试仪中，另一端在网络配线架模块端接。

完成 4 个网络链路，每个链路端接 4 次 32 芯线。

端接正确率 100%。

3. 实训设备、材料和工具

网络配线实训装置。

实训材料包 1 个。RJ45 水晶头 12 个，500mm 网线 8 根。

剥线器 1 把，压线钳 1 把，打线钳 1 把，钢卷尺 1 个。

4. 实训步骤

● 取出 3 个 RJ45 水晶头、2 根网线。

● 打开网络配线实训装置上的网络跳线测试仪电源。

● 按照 RJ45 水晶头的制作方法，制作第一根网络跳线，两端 RJ45 水晶头端接，测试合格后将一端插在测试仪 RJ45 口中，另一端插在配线架 RJ45 口中。

● 把第二根网线一端首先按照 568B 线序做好 RJ45 水晶头，然后插在测试仪 RJ45 口中。

● 把第二根网线另一端剥开，将 8 芯线拆开，按照 568B 线序端接在网络配线架模块中，这样就形成了一个 4 次端接的永久链路，如图 3-11-1 所示。

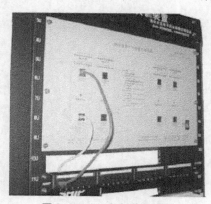

图 3-11-1 永久链路端接

● 测试：压接好模块后，这时对应的 8 组 16 个指示灯依次闪烁，显示线序和电气连接情况。重复以上步骤，完成 4 个网络链路和测试，如图 3-11-2 所示。

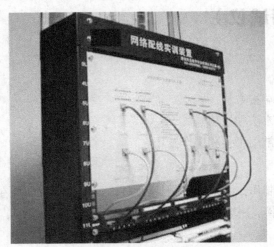

图 3-11-2　4 个网络链路和测试

发现问题及时排除故障，在端接中经常出现开路、短路、跨接及反接等故障。

PART 4

单元 4
掌握工作区子系统技术

 一、任务描述

浙江科技工程学校需要实施学校二期校园网络的改造工程，为保障校园网络在改造期间不影响网络的使用，采用工作区分片方式改造，改造一块，成熟一块。为了保障未来网络的整体运行稳定，首先对网络中心工作区的交换机设备实施改造。

小明是网络中心新入职的网络管理员，因此需要学习工作区子系统综合布线规划、设计以及安装实施过程。

 二、任务分析

工作区子系统是指从信息插座延伸到终端设备的整个区域，即一个独立的需要设置终端的区域划分为一个工作区。工作区布线要求相对简单，这样就容易移动、添加和变更设备。该子系统包括水平配线系统的信息插座、连接信息插座和终端设备的跳线以及适配器。为了便于识别，有些厂家的信息插座做成多种颜色，如黑、白、红、蓝、绿、黄，以便于网络管理员管理。

 三、知识准备

4.1 工作区子系统的基本概念

1. 什么是工作区

工作区子系统是指从信息插座延伸到终端设备的整个区域，即一个独立的需要设置终端的区域划分为一个工作区。

工作区域可支持电话机、数据终端、计算机、电视机、监视器以及传感器等终端设备。它包括信息插座、信息模块、网卡和连接所需的跳线，并在终端设备和输入/输出（I/O）之间搭接，相当于电话配线系统中连接话机的用户线及话机终端部分，如图 4-1-1 所示。

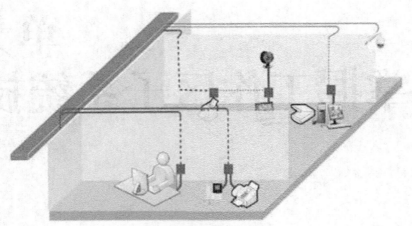

图 4-1-1　工作区示意图

2．工作区的划分原则

按照 GB 50311 国家标准规定，工作区是一个独立的需要设置终端设备的区域。工作区应由配线（水平）布线系统的信息插座、延伸到终端设备处的连接电缆及适配器组成。一个工作区的服务面积可按 5m²~10m² 估算，也可按不同的应用环境调整面积的大小。

3．信息插座连接技术要求

（1）信息插座与终端的连接形式

信息插座是终端（工作站）与水平子系统连接接口，其中最常用的为 RJ45 插座，即 RJ45 连接器。在实际设计时，必须保证每个 4 对双绞线电缆，接在工作区中一个 8 脚（针）模块化插座（插头）。

（2）各种设计选择方案综合考虑因素

各种设计选择方案在经济上的最佳折衷；系统管理的一些比较难以捉摸的因素；在布线系统寿命期间移动和重新布置所产生的影响。

（3）信息插座与连接器的接法

对于 RJ45 连接器与 RJ45 信息插座，与 4 对双绞线的接法主要有两种，一种是 568A 标准，另一种是 568B 的标准。

4．工作区设计要点

优先选用双口插座，不建议使用三口或四口插座，一般使用网络插座底盒和面板尺寸为 86 盒，即长和宽均为 86mm，内部空间比较小，无法保证容纳更多网络双绞线曲率半径。

信息插座设计在距离地面 30cm 以上，如果在地面设置信息插座，必须选用金属面板，并有抗压防水功能。

信息插座与计算机设备的距离保持在 5m 范围内，这样保证了传输速率、美观和使用方便。

网卡接口类型要与线缆接口类型一致，插座内安装信息模块要与终端设备网卡类型一致。

在信息插座附近必须设置电源插座，减少设备跳线的长度，电源插座与信息插座的距离应大于 200mm，这样可以减少电磁干扰。

从信息插座到计算机等终端设备之间的跳线一般使用软跳线，软跳线的线芯应由多股铜线组成，不宜使用线芯直径 0.5 以上的单芯跳线，长度一般小于 5m。

六类电缆综合布线系统必须使用六类跳线，七类电缆综合布线系统必须使用七类跳线，光纤布线系统必须使用对应的光纤跳线。特别注意：在屏蔽布线系统中，禁止使用非屏蔽跳线。

所有工作区所需的信息模块、信息插座、面板的数量要准确。

5．工作区设计步骤

工作区设计时，具体操作可按以下 3 步进行。

第一，根据楼层平面图计算每层楼布线面积。

第二，估算信息引出插座数量。

第三，确定信息引出插座的类型。

6．工作区适配器的选用原则

适配器的选用应遵循以下原则。

● 在设备连接器采用不同于信息插座的连接器时，可用专用电缆及适配器。

● 为了特殊的应用而实现网络的兼容性时，可用转换适配器。

● 在配线（水平）子系统中，选用的电缆类别（介质）不同于设备所需的电缆类别（介质）时，宜采用适配器。

● 在连接使用不同信号的数模转换设备、光电转换设备及数据速率转换设备等装置时，宜采用适配器。

● 在单一信息插座上进行两项服务时，可用"Y"型适配器；根据工作区内不同的电信终端设备（例如 ADSL 终端）可配备相应的适配器。

4.2 工作区子系统设计

1．设计工作区子系统步骤

工作区子系统设计之前，首先与用户进行充分的技术交流，认真阅读用户提供的设计委托书，并与用户交流，了解建筑的结构、面积等信息。其次，认真阅读建筑物图纸，计算信息点数量，并确定信息插座的类型和位置，然后进行初步规划和设计，最后进行概算和预算。

一般工作流程如下：

阅读委托书 → 需求分析 → 技术交流 → 阅读建筑物图纸 → 初步设计 → 概算 → 方案确认 → 正式设计 → 预算。

（1）阅读委托书

工程的项目设计需要按照用户设计委托书的需求来进行，在设计前，必须认真研究和阅读设计委托书。重点了解网络综合布线项目的内容，例如强电、水暖的路由和位置，建筑物用途、数据量的大小，人员构成及数量等。智能建筑项目设计委托书中，对综合布线系统的描述和要求较少，这就要求设计者把与综合布线系统有关的问题整理出来，需要与用户再进行需求分析。

（2）需求分析

需求分析主要掌握用户的当前用途和未来扩展需要，目的是把设计对象归类，按照写字楼、宾馆、综合办公室、生产车间、会议室、商场、等类别进行归类，为后续设计确定方向和重点。

首先，要对整栋建筑物开始分析，了解建筑物的用途；然后再分析各个楼层，掌握每个楼层的用途；进一步掌握每个房间及每个工作区的功能和用途，并分析工作区的信息点的数量和位置。

（3）技术交流

在进行需求分析后，要与用户进行技术交流，特别是与行政负责人的交流是十分必要的，这样可以进一步充分和广泛地了解用户的需求，并且一定要涉及未来的发展需求。在交流中，重点了解每个房间或者工作区的用途、工作区域、工作台位置、工作台尺寸、设备安装位置等详细信息。在交流过程中必须进行详细的书面记录，每次交流结束后要及时整理书面记录，这些书面记录是初步设计的依据。

（4）阅读建筑物图纸和工作区编号

阅读建筑物图纸，掌握在综合布线路径上的电器设备、电源插座、暗埋管线等。

工作区信息点命名和编号是非常重要的一项工作，命名首先必须准确表达信息点的位置，或者用途，要与工作区的名称相对应，这个名称从项目设计开始到竣工验收及后续维护最好一致。如果出现项目投入使用后，用户改变了工作区名称或者编号时，必须及时制作名称变更对应表，作为竣工资料保存。

2．设计工作区子系统初步设计

建筑物大体上可以分为商业、媒体、体育、医院、文化、学校、交通、住宅、通用工业等类型，建筑物的功能呈现多样性和复杂性，因此，对工作区面积的划分应根据应用的场合作具体的分析后确定。

工作区子系统包括办公室、写字间、作业间、技术室等需用电话、计算机终端、电视机等设施的区域和相应设备的统称。一般建筑物设计时，网络综合布线系统工作区面积的需求参照下表。

表 4-2-1　网络综合布线系统工作区面积

工作区面积划分表（GB/T50311－2007 规定）	
建筑物类型及功能	工作区面积(m²)
网管中心、呼叫中心、信息中心等终端设备较为密集的场地	3～5
办公区	5～10
会议、会展	10～60
商场、生产机房、娱乐场所	20～60
体育场馆、候机室、公共设施区	20～100
工业生产区	60～200

3．工作区信息点的配置

一个独立的需要设置终端设备的区域宜划分为一个工作区。每个工作区需要设置一台计算机网络数据点或者语音电话点，或按用户需要设置。每个工作区信息点数量可按用户的性质、网络构成和需求来确定。

4．工作区信息点点数统计表

工作区信息点点数统计表简称点数表，是设计和统计信息点数量的基本工具和手段。点数统计表能够一次准确和清楚地表示和统计出建筑物的信息点数量，一般使用 Microsoft Excel 工作表。

初步设计的主要工作是完成点数表，初步设计的程序是在需求分析和技术交流的基础上，首先确定每个房间或者区域的信息点位置和数量，然后制作和填写点数统计表。

在 Excel 工作表中，第一行为设计项目或者对象的名称，第二行为房间或者区域名称，第三行为数据或者语音类别，其余行填写每个房间的数据或者语音点数量。点数统计表的做法是首先按照楼层（楼层一般按行表示），然后按照房间（房间一般按照列表示）或者区域逐层逐房间地规划和设计网络数据、语音信息点数，再把每个房间规划的信息点数量填写到点数统计表对应的位置。每层填写完毕，就能够统计出该层的信息点数，全部楼层填写完毕，就能统计出该建筑物的信息点数。

5．设计工作区子系统概算

在初步设计的最后要给出该项目的概算，这个概算是指整个综合布线系统工程的造价概算，其中也包括工作区子系统的造价。

工程概算的计算方法公式如下：

工程造价概算=信息点数量×信息点的价格

6．初步设计方案确认

初步设计方案主要包括点数统计表和概算两个文件，因为工作区子系统信息点数量直接决定综合布线系统工程的造价，所以信息点数量越多，工程造价越大。工程概算的多少与选用产品的品牌和质量有直接关系，工程概算多时宜选用高质量的知名品牌，工程概算少时宜选用区域知名品牌。点数统计表和概算也是综合布线系统工程设计的依据和基本文件，因此必须经过用户确认。

用户确认的一般程序如下：

整理点数统计表→准备用户确认签字文件→用户交流和沟通→用户确认签字和盖章→设计方签字和盖章→双方存档。

用户确认签字文件至少一式 4 份，双方各两份。设计单位一份存档，一份作为设计资料。

7．正式设计

（1）新建建筑物

随着 GB 50311-2007 国家标准的正式实施，从 2007 年 10 月 1 日起，新建筑物必须设计网络综合布线系统，因此建筑物的原始设计图纸中有完整的初步设计方案和网络系统图。必须认真研究和读懂设计图纸，特别是与弱电有关的网络系统图、通信系统图、电气图等。

如果土建工程已经开始或者封顶时，必须到现场实际勘测，并且与设计图纸对比。

（2）旧楼增加网络综合布线系统的设计

当旧楼增加网络综合布线系统时，设计人员必须到现场勘察，根据现场使用情况具体设计信息插座的位置、数量。

（3）信息点安装位置

在不需要分隔板的房间，信息插座只需安装于墙上；对于需要分隔板的房间而言，要选用不同的方式进行安装。

（4）信息插座安装于墙上

此方法在分隔板位置未确定情况下，可沿房间四周的墙面，每隔一定距离，均匀地安装RJ45 埋入式插座。RJ45 埋入式信息插座与其旁边电源插座应保持 200mm 以上的距离，信息插座和电源插座的低边沿线距地板水平面 300mm。

信息模块与双绞线压接时，注意颜色标号配对，进行正确压接。连接方式分为 568A 和 568B 两种方式，两种方式均可采用，但注意在一套系统方案中只能统一采取一种方式。

如果工作台布置在房间的中间位置或者没有靠墙时，信息点插座一般设计在工作台下面的地面，安装于地面的金属底盒是密封、防水、防尘的，其中有些金属底盒是带有升降功能的。

采用安装于地面的方法对于设计安装造价较高。如果是集中或者开放办公区域，信息点的设计应该以每个工作台和隔断为中心，将信息插座安装在地面或者隔断上。

但是，如果事先无法确定工作人员的办公位置，因此灵活性不是很好，所以要根据房间的功能用途确定位置后，做好预埋，但不适宜大量使用。

（5）信息点面板

地弹插座面板一般为黄铜制造，只适合在地面安装，地弹插座面板一般都具有防水、防尘、抗压功能，使用时打开盖板，不使用时，盖好盖板与地面高度相同。

墙面插座面板一般为塑料制造，只适合在墙面安装，一般具有防尘功能，使用时打开防尘盖，不使用时，关闭防尘盖。

信息点插座底盒常见的有两个规格，适合墙面或者地面安装。墙面安装底盒为长 86mm、宽 86mm 的正方形盒子，设置有 2 个 M4 螺孔，孔距为 60mm。墙面安装底盒又分为暗装和明装两种，暗装底盒的材料有塑料和金属材质两种，暗装底盒外观比较粗糙。明装底盒外观美观，一般由塑料注塑。

地面安装底盒比墙面安装底盒大，为长 100mm、宽 100mm 的正方形盒子，深度为 55mm（或 65mm），设置有 2 个 M4 螺孔，孔距为 84mm，一般只有暗装底盒，由金属材质一次冲压成型，表面电镀处理。面板一般为黄铜材料制成，常见的有方型和圆型面板两种，方型的长为 120mm，宽为 120mm。

8．图纸设计

综合布线系统工作区信息点的图纸设计是综合布线系统设计的基础工作，直接影响工程造价和施工难度，大型工程也直接影响工期，因此工作区子系统信息点的设计工作非常重要。

4.3　网络插座的安装

1．网络插座安装方式

网络插座按安装方式可分为地弹式、墙面式、桌面式。

地弹插座面板一般由黄铜制造，只适合在地面安装，地弹插座面板一般都具有防水、防尘、抗压功能，使用时打开盖板，不使用时，盖好盖板与地面高度相同。

墙面插座面板一般为塑料制造，只适合在墙面安装，一般具有防尘功能，使用时打开防尘盖，不使用时，关闭防尘盖。桌面插座面板目前已很少使用。

2．网络插座规格

常见的信息点插座底盒是 86 底盒，适合墙面或者地面安装。

墙面安装底盒为长 86mm、宽 86mm 的正方形盒子，86 底盒就是最常使用的底盒，为正方形 86mm×86mm。这是国标产品，并且与国际接轨。内部空间相对较大，容易接线。

与墙体接触面积大，只要把砂浆糊实，基本不会松动。常见的 TCL、正泰，质量都非常好，在墙体里凝固好后，如果还想要打接线孔，底盒也丝毫无损。

86 底盒设置有 2 个 M4 螺孔，孔距为 60mm，又分为暗装和明装两种。暗装底盒的材料有塑料和金属材质两种，暗装底盒外观比较粗糙。明装底盒外观美观，一般由塑料注塑。

地面安装底盒比墙面安装底盒大，为长 100mm、宽 100mm 的正方形盒子，深度为 55mm（或 65mm），设置有 2 个 M4 螺孔，孔距为 84mm，一般只有暗装底盒，由金属材质一次冲压成型，表面电镀处理。

面板一般为黄铜材料制成，常见有方形和圆形面板两种，方型的长为 120mm，宽为 120mm。

3．网络插座安装要求

信息插座模块安装应符合下列要求。

信息插座模块、多用户信息插座、集合点配线模块安装位置和高度应符合设计要求。

安装在活动地板内或地面上时，应固定在接线盒内，插座面板采用直立和水平等形式；接线盒盖可开启，并应具有防水、防尘、抗压功能。接线盒盖面应与地面齐平。

信息插座底盒同时安装信息插座模块和电源插座时，间距及采取的防护措施应符合设计要求。

信息插座模块明装底盒的固定方法根据施工现场条件而定。固定螺丝需拧紧，不应产生松动现象。各种插座面板应有标识，以颜色、图形、文字表示所接终端设备业务类型。

工作区内终接光缆的光纤连接器件及适配器，安装底盒应具有足够的空间，并应符合设计要求。

4．网络插座底盒安装

明装底盒经常在改扩建工程墙面明装方式布线时使用，一般为白色塑料盒，外型美观，表面光滑，外型尺寸比面板稍小一些，底板上有 2 个直径为 6mm 的安装孔，用于将底座固定，正面有 2 个 M4 螺孔，用于固定面板，侧面预留有上下进线孔。

暗装底盒一般在新建项目和装饰工程中使用，暗装底盒常见的有金属和塑料两种。

塑料底盒一般为白色，一次注塑成型，表面比较粗糙，外形尺寸比面板小一些，常见尺寸为长 80mm，宽 80mm，深 50mm，5 面都预留有进出线孔，方便进出线，底板上有 2 个安装孔，用于将底座固定在墙面，正面有 2 个 M4 螺孔，用于固定面板。

金属底盒一般一次冲压成型，表面都进行电镀处理，避免生锈，尺寸与塑料底盒基本相同。

暗装底盒只能安装在墙面或者装饰隔断内，安装面板后就隐蔽起来了。施工中不允许把暗装底盒明装在墙面上。

暗装塑料底盒一般在土建工程施工时安装，直接与穿线管端头连接固定在建筑物墙内或者立柱内，外沿低于墙面 10mm，距地面高度为 300mm 或者按照施工图纸规定高度安装。底盒安装好以后，必须用钉子或者水泥沙浆固定在墙内。

需要在地面安装网络插座时，盖板必须具有防水、抗压和防尘功能，一般选用 120 系列金属面板，配套的底盒宜选用金属底盒，一般金属底盒比较大，常见规格为长 100mm，宽 100mm，中间有 2 个固定面板的螺丝孔，5 个面都预留有进出线孔，方便进出线。地面金属底盒安装后一般应低于地面 10mm~20mm，注意这里的地面是指装修后的地面。

在扩建改建和装饰工程安装网络面板时，为了美观一般宜采取暗装底盒，必要时要在墙面或者地面进行开槽安装。

5．网络插座底盒安装步骤

各种底盒安装时，一般按照下列步骤。

目视检查产品的外观合格，特别检查底盒上的螺丝孔必须正常，如果其中有一个螺丝孔损坏时坚决不能使用。

取掉底盒挡板，根据进出线方向和位置，取掉底盒预设孔中的挡板。

固定底盒，明装底盒按照设计要求用膨胀螺丝直接固定在墙面。

暗装底盒首先使用专门的管接头把线管和底盒连接起来，这种专用接头的管口有圆弧，既方便穿线，又能保护线缆不会划伤或者损坏，然后用螺丝或者水泥沙浆固定底盒。

成品保护，暗装底盒一般在土建过程中进行，因此在底盒安装完毕后，必须进行成品保护，特别是安装螺丝孔。如果需要使用水泥沙浆，为了防止水泥沙浆灌入螺孔或者穿线管内，一般做法是在底盒螺丝孔和管口塞纸团，也有用胶带纸保护螺孔的做法。

 四、任务实施

4.4 综合实训：工作区子系统项目实训

1．实训目的

大对数双绞线是由 25 对具有绝缘保护层的铜导线组成的。它有 3 类 25 对大对数双绞线，5 类 25 对大对数双绞线，为用户提供更多的可用线对，并被设计为扩展的传输距离上实现高速数据通信应用，传输速度为 100MHz。导线色彩由蓝、橙、棕、灰和白、红、黑、黄、紫编码组成。

通过设计工作区信息点位置和数量，掌握工作区子系统的设计。

通过预算、领取材料和工具、现场管理，掌握工程管理经验。通过信息点插座和模块安装，掌握工作区子系统的规范施工能力和方法。

2．实训要求

（1）设计工作区信息点位置和数量，并且绘制施工图。图 4-4-1 所示为某高校学生公寓信息插座位置图。

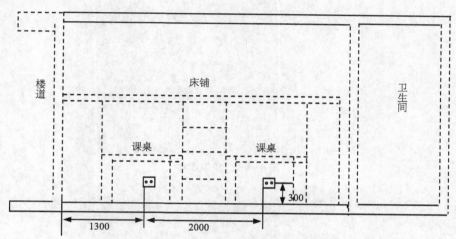

图 4-4-1　某高校学生公寓信息插座位置图

（2）按照设计图，核算实训材料规格和数量，掌握工程材料核算方法，列出材料清单。

（3）按照设计图，准备实训工具，列出实训工具清单，独立领取实训材料和工具。

（4）独立完成工作区信息点的安装。

3．实训设备、材料和工具

网络综合布线实训装置、86 系列明装塑料底盒 5 个、双口面板 5 个、M6 螺丝若干、RJ45 网络模块若干、螺丝刀一把、压线钳一把、标签若干。

4．实训步骤

（1）列出材料清单和工具清单并领取材料和工具。按照设计图，完成材料清单并且领取材料。

（2）安装底盒。

首先，检查底盒的外观是否合格，特别检查底盒上的螺丝孔必须正常，如果其中有一个螺丝孔损坏时坚决不能使用。

然后，根据进出线的方向和位置，取掉底盒预设孔中的挡板。

最后，按设计图纸位置，用 M6 螺丝把底盒固定在装置上，如图 4-4-2 所示。

穿线，如图 4-4-3 所示。

底盒安装好后，将网络双绞线从底盒根据设计的布线路径布放到网络机柜内。

端接模块和安装面板，如图 4-4-4 所示。

安装模块时，首先要剪掉多余线头，一般在安装模块前都要剪掉多余部分的长度，留出 100mm ~ 120mm 长度用于压接模块或者检修。

然后，使用专业剥线器剥掉双绞线的外皮，剥掉双绞线外皮的长度为15mm，特别注意不要损伤线芯和线芯绝缘层，剥线完成后按照模块结构将 8 芯线分开，逐一压接在模块中。压接方法必须正确，一次压接成功；装好防尘盖。模块压接完成后，将模块卡接在面板中，最后安装面板。

图 4-4-2 安装底盒

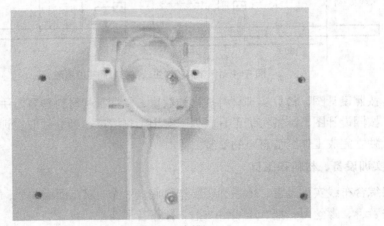

图 4-4-3 穿线

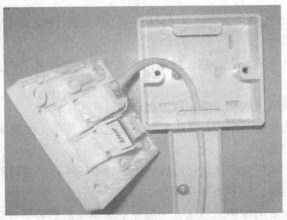

图 4-4-4 端接模块和安装面板

标记。完成以上步骤，如图 4-4-5 所示。

图 4-4-5　完成后进行标记

　　如果双口面板上有网络和电话插口标记时，按照标记口位置安装。如果双口面板上没有标记，则建议将网络模块安装在左边，电话模块安装在右边，并且在面板表面做好标记。

5．实训报告

- 要求完成一个工作区子系统设计图。
- 以表格形式写清楚实训材料和工具的数量、规格、用途。
- 写出实训过程中的注意事项。
- 实训体会和操作技巧。

单元 5
掌握水平子系统技术

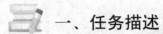

一、任务描述

浙江科技工程学校需要实施学校二期校园网络的改造工程，为了保障未来网络的整体运行稳定，首先针对网络中心工作区的交换机设备实施改造。

在网络中心的工作区网络系统改造完成后，以学校的网络中心为依托，往楼层水平延伸，实施网络中心的楼层水平子系统的改造。小明是网络中心新入职的网络管理员，因此需要学习水平子系统综合布线规划、设计以及安装实施过程。

二、任务分析

网络综合布线的水平子系统也称水平在线子系统，是整个布线系统的一部分，一般在一个楼层上，是从工作区的信息插座开始到管理间子系统的配线架，由用户信息插座、水平电缆、配线设备等组成。综合布线中水平子系统是计算机网络信息传输的重要组成部分，采用星型拓扑结构。水平布线系统施工是综合布线系统中工作量最大的部分，在建筑物施工完成后，不易变更，通常都采取"水平布线一步到位"的原则。因此要施工严格，保证链路性能。

三、知识准备

5.1 认识水平子系统

1. 水平子系统概念

水平子系统也称为水平干线子系统或配线子系统，是整个布线系统的一部分。

从工作区的信息插座延伸到楼层配线间管理子系统。水平子系统由与工作区信息插座相连的水平布线电缆或光缆等组成。水平子系统线缆通常沿楼层平面的地板或房间吊顶布线。

水平子系统的设计涉及水平布线系统的网络拓扑结构、布线路由、管槽设计、线缆类型选择、线缆长度确定、线缆布放、设备配置等内容。

水平布线子系统往往需要敷设大量的线缆，因此如何配合建筑物装修进行水平布线，以

及布线后如何更为方便地进行线缆的维护工作，也是设计过程中应注意的问题，如图 5-1-1
所示。

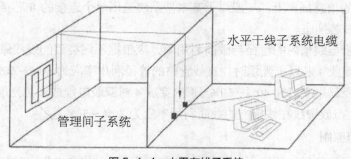

图 5-1-1　水平布线子系统

2．水平子系统与垂直子系统的区别

水平子系统与垂直子系统的区别在于：

垂直子系统通常位于建筑物内垂直的弱电间，而水平子系统通常处在同一楼层上，线缆
一端接在配线间的配线架上，另一端接在信息插座上。

垂直子系统通常采用大对数双绞电缆或光缆，而水平子系统多为 4 对非屏蔽双绞电缆，能支
持大多数终端设备，在有磁场干扰或信息保密时用屏蔽双绞线，在高宽带应用时采用光缆。

5.2　水平子系统设计原则

水平子系统的设计涉及水平布线系统的网络拓扑结构、布线路由、管槽设计、线缆类型、
线缆长度确定、线缆布放、设备配置等内容。

在整个网络布线系统中，水平子系统是事后最难维护的子系统之一（特别是采用埋入式
布线时）。因此，在水平子系统设计时，应充分考虑到线路冗余、网络需求和网络技术的发展
等因素。

根据综合布线标准及规范要求，水平子系统应根据下列原则进行设计。

1．确定用户需求

根据工程提出的近期和远期终端设备的设置要求、用户性质、网络构成及实际需要，确
定建筑物各层需要安装信息插座模块的数量及其位置，配线应留有扩展余地。

2．预埋管原则

根据建筑物的结构、用途，确定水平子系统路由设计方案。水平子系统缆线宜采用在吊
顶、墙体内穿管或设置金属密封线槽及开放式（电缆桥架、吊挂环等）铺设，当缆线在地面
布放时，应根据环境条件选用地板下线槽、网络地板、高架（活动）地板布线等安装方式。

对于新建筑物优先考虑在建筑物梁和立柱中预埋穿线管，旧楼改造者装修时，在墙面刻
槽埋管或者墙面明装线槽。

3．缆线确定与布放原则

水平子系统线缆应采用非屏蔽或屏蔽 4 对双绞线电缆，在有高速率应用的场合，应采用

室内多模或单模光缆。

1 条 4 对双绞线电缆应全部固定终结在 1 个信息插座上，不允许将 1 条 4 对双绞线电缆终结在 2 个或更多的信息插座上。一般对于基本型系统选用单个连接的 8 芯插座，增强型系统选用双个连接的 8 芯插座。

缆线布放在管与线槽内的管径与截面利用率，应根据不同类型的缆线做不同的选择，管内穿放大对数电缆或 4 芯以上光缆时，直线管路的管径利用率应为 50%～60%。

弯管路的管径利用率应为 40%～50%。管内穿放 4 对双绞电缆或 4 芯光缆时，截面利用率应为 25%～30%。布放缆线在线槽内的截面利用率应为 30%～50%。

4．缆线最短原则

为了保证水平缆线最短原则，一般把楼层管理间设置在信息点集中的房间，保证水平缆线最短。对于楼道长度超过 100m 的楼层，或者信息点比较密集时，可以在同一层设置多个管理间，这样既能节约成本，又能降低施工难度，因为布线距离短时，线管和电缆也短，拐弯减少，布线拉力也小一些。

5．缆线最长原则

按着 GB 50311 国家标准规定，铜缆双绞线电缆的信道长度不超过 100m，水平缆线长度一般超过 90m。因此，在前期设计时，水平缆线最长不宜超过 90m。

6．避让高温和电磁原则

缆线应远离高温和电磁干扰的场所。如果确实需要平行走线时，应保持一定的距离，一般非屏蔽网络双绞线电缆与强电电缆距离应大于 30cm，屏蔽网络双绞线电缆与强电电缆距离应大于 7cm。

7．地面无障碍原则

在设计和施工中，必须坚持地面无障碍原则。一般考虑在吊顶上布线，楼板和墙面预埋布线等。对于管理间和设备间等需要大量地面布线的场合，可以增加抗静电地板，在地板下布线。

同时，为了方便以后的线路管理，线缆布设过程中应在两端贴上标签，以标明线缆的起始和目的地。

5.3 水平子系统的设计步骤和方法

水平子系统设计的步骤一般为，首先进行需求分析，与用户进行充分的技术交流和了解建筑物用途，要认真阅读建筑物设计图纸，根据点数统计表确认信息点位置和数量，然后进行水平子系统的规划和设计，确定每个信息点的水平布线路径，估算出所需线缆总长度。一般工作流程如图 5-3-1 所示。

图 5-3-1 水平子系统的设计步骤

1．需求分析

需求分析对水平子系统的设计尤为重要，因为水平子系统是综合布线工程中最大的一个子系统，使用材料最多，工期最长，投资最大，也直接决定每个信息点的稳定性和传输速率。

主要涉及布线距离、布线路径、布线方式、避让强电和材料的选择等，对后续水平子系统的施工是非常重要的，也直接影响网络综合布线工程的质量、工期，甚至影响最终工程造价。

2．技术交流

需求分析后，要与用户进行技术交流，这是非常必要的。由于水平子系统往往覆盖每个楼层的立面和平面，布线路径也经常与照明线路、电器设备钱路、电器插座、消防线路、暖气或者空调线路有多次的交叉或者并行，因此不仅要与技术负责人交流，也要与项目或者行政负责人进行交流。

在交流中重点了解每个信息点路径上的电路、水路、气路和电器设备的安装位置等详细信息。在交流过程中必须进行详细的书面记录，每次交流结束后要及时整理书面记录。

3．阅读建筑物图纸

认真阅读建筑物设计图纸是不能省略的程序，通过阅读建筑物图纸，掌握建筑物的土建结构、强电路径、弱电路径，特别是主要电器设备和电源插座的安装位置，重点掌握在综合布线路径上的电器设备、电源插座、暗埋管线等。在阅读图纸时，进行记录或者标记，正确处理水平子系统布线与电路、水路、气路和电器设备的直接交叉或者路径冲突等问题。

4．规划和设计

（1）水平子系统的拓扑结构

水平子系统的网络拓扑结构通常为星型，如图 5-3-2、图 5-3-3 所示。

楼层配线架 FD 为主节点，各工作区信息插座为分节点，二者之间采用独立的线路相互连接，形成以 FD 为中心、向工作区信息点辐射的星型网络，这种结构可以对楼层的线路进行集中管理，也可以通过管理间的配线设备进行线路的灵活调整，便于线路故障的隔离以及故障的诊断。

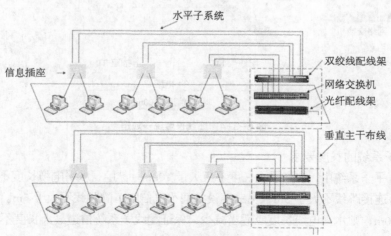

图 5-3-2　水平子系统的网络拓扑结构（1）

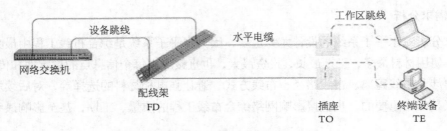

图 5-3-3　水平子系统的网络拓扑结构（2）

（2）确定路由

根据建筑物结构、用途，确定水平子系统路由设计方案。新建建筑物可依据建筑施工图纸来确定水平子系统的布线路由方案。旧式建筑物应到现场了解建筑结构、装修状况、管槽路由，然后确定合适的布线路由。档次比较高的建筑物一般都有吊顶，水平走线可在吊顶内进行。

对于一般建筑物，水平子系统采用地板管道布线方法。

（3）水平子系统布线距离规定

● 确定线缆的类型

要根据综合布线系统所包含的应用系统来确定线缆的类型。

对于计算机网络和电话语音系统，可以优先选择 4 对双绞线电缆；对于屏蔽要求较高的场合，可选择 4 对屏蔽双绞线；对于屏蔽要求不高的场合，应尽量选择 4 对非屏蔽双绞线电缆。

对于有线电视系统，应选择 75Ω 的同轴电缆。对于要求传输速率高或保密性高的场合，应选择室内光缆作为水平布线线缆。

● 确定线缆的长度

GB 50311 国家标准规定，水平子系统属于配线子系统，同时对于缆线的长度做了统一规定，水平电缆和信道的长度应符合图 5-3-4 中的规定。

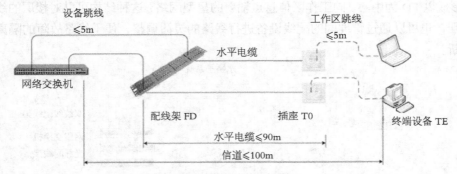

图 5-3-4　缆线长度统一规定

● 水平子系统的长度要求

在电缆水平子系统中，信道最大长度不应大于 100m。其中，水平电缆长度不大于 90m，一端工作区设备连接跳线不大于 5m，另一端设备间（电信间）的跳线不大于 5m。如果两端的跳线之和大于 10m，则水平电缆长度应适当减少，保证配线子系统信道最大长度不大于 100m。

信道总长度不应大于 2000m，信道总长度包括了综合布线系统水平缆线和建筑物主干缆线及建筑群主干三部分缆线之和。建筑物或建筑群配线设备之间（FD 与 BD、FD 与 CD、BD 与 BD、BD 与 CD 之间）组成的信道出现 4 个连接器件时，主干缆线的长度不应小于 15m。

5.4　水平子系统 PVC 线管的施工技术

在建筑设计院提供的综合布线工程设计图中，只会规定基本的安装施工路由和要求，一般不会把每根管路的直径和准确位置标记出来。这就要求在现场实际安装时，要根据每个信息点具体位置和数量，确定线管直径和准确位置。

在预埋线管和穿线时一般遵守下列原则。

1．埋管最大直径原则

预埋在墙体中间暗管的最大管外径不宜超过 50mm，预埋在楼板中暗埋管的最大管外径不宜超过 25mm，室外管道进入建筑物的最大管外径不宜超过 100mm。

2．穿线数量原则

不同规格的线管，根据拐弯的多少和穿线长度的不同，管内布放线缆的最大条数也不同。同一个直径的线管内如果穿线太多，就会造成拉线困难；如果穿线太少则会增加布线成本，这就需要根据现场实际情况确定穿线数量。

3．保证管口光滑和安装护套原则

在钢管现场截断和安装施工中，两根钢管对接时必须保证同轴度和管口整齐，没有错位，焊接时不要焊透管壁，避免在管内形成焊渣。金属管内的毛刺、错口、焊渣、垃圾等必须清理干净，否则会影响穿线，甚至损伤缆线的护套或内部结构，如图 5-4-1 所示。

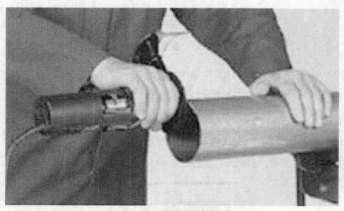

图 5-4-1　保证管口光滑

暗埋钢管一般都在现场用切割机裁断，如果裁断太快，在管口会出现大量毛刺，这些毛刺非常容易划破电缆外皮，因此必须对管口进行去毛刺工序，保持截断端面的光滑。

与插座底盒连接的钢管出口需要安装专用的护套，保护穿线时顺畅，不会划破缆线。这点非常重要，在施工中要特别注意，如图 5-4-2 所示。

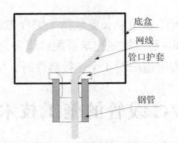

图 5-4-2　插座底盒连接的钢管出口

4．保证曲率半径原则

金属管一般使用专门的弯管器成型，拐弯半径比较大，能够满足双绞线对曲率半径的要求。墙内暗埋 Φ16、Φ20PVC 塑料布线管时，要特别注意拐弯处的曲率半径。宜用弯管器现场制作大拐弯的弯头连接，这样既保证了缆线的曲率半径，又方便轻松拉线，降低布线成本，保护线缆结构。

图 5-4-3 所示为工业成品弯头曲率半径的比较，以此 Φ20mm PVC 管内穿线为例进行计算和说明曲率半径的重要性。按照 GB 50311 国家标准的规定，非屏蔽双绞线的拐弯曲率半径不小于电缆外径的 4 倍。电缆外径按照 6mm 计算，拐弯半径必须大于 24mm。

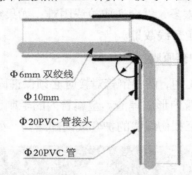

图 5-4-3　金属管曲率半径

拐弯连接处不宜使用市场上购买的工业成品弯头，目前市场上没有适合网络综合布线使用的大拐弯 PVC 弯头，只有适合电气和水管使用的 90 度弯头。

图 5-4-3 所示为市场购买的 Φ20mm 穿线管弯头的曲率半径，拐弯半径只有 5mm，半径 5mm÷电缆直径 6mm=0.8 倍，远远低于标准规定的 4 倍。

图 5-4-4 所示为自制大拐弯弯头，直径为 48mm，半径 24mm÷电缆直径 6mm=4 倍。

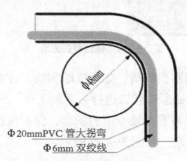

图 5-4-4　自制大拐弯弯头

现场自制大拐弯接头时，必须选用质量较好的冷弯管和配套的弯管器。如果使用的冷弯管与弯管器不配套时，管子容易变形。使用热弯管也无法冷弯成型。

用弯管器自制大拐弯的方法和步骤如下。

准备冷弯管，确定弯曲位置和半径，做出弯曲位置标记，如图 5-4-5 所示。

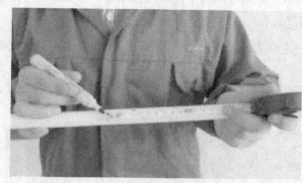

图 5-4-5　自制大拐弯

插入弯管器到需要弯曲的位置。如果弯曲较长时，给弯管器绑一根绳子，放到要弯曲的位置，如图 5-4-6 所示。

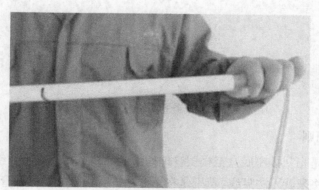

图 5-4-6　插入弯管器到需要弯曲的位置

弯管。两手抓紧放入弯管器的位置，用力弯曲，如图 5-4-7 所示。

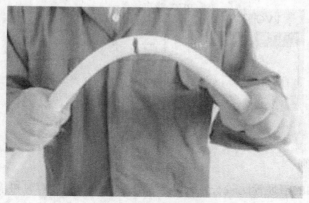

图 5-4-7　用力弯曲

取出弯管器，安装弯头。

5．横平竖直原则

土建预埋管一般都在隔墙和楼板中，为了垒砌隔墙方便，一般按照横平竖直的方式安装线管，不允许将线管斜放，如果在隔墙中倾斜放置线管，需要异型砖，影响施工进度。

6．平行布管原则

平行布管是指同一走向的线管应遵循平行原则，不允许出现交叉或者重叠，如图 5-4-8 所示。

因为智能建筑的工作区信息点非常密集，楼板和隔墙中有许多线管，必须合理布局这些线管，避免出现线管重叠。

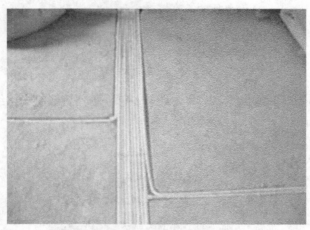

图 5-4-8 平行布管

7．线管连续原则

线管连续原则是指从插座底盒至楼层管理间之间的整个布线路由的线管必须连续，如果出现一处不连续时将来就无法穿线。特别是在用 PVC 管布线时，要保证管接头处的线管连续，管内光滑，方便穿线。如果留有较大的间隙时，管内有台阶，将来穿牵引钢丝和布线困难，如图 5-4-9 所示。

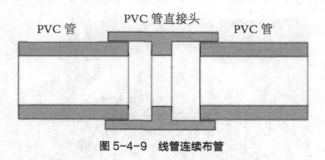

图 5-4-9 线管连续布管

8．拉力均匀原则

水平子系统路由的暗埋管比较长，大部分都在 20m～50m，有时可能长达 80m～90m，中间还有许多拐弯，布线时需要用较大的拉力才能把网线从插座底盒拉到管理间。

综合布线穿线时应该采取慢速而又平稳的拉线，拉力太大时，会破坏电缆对绞的结构和一致性，引起线缆传输性能下降。

拉力过大还会使线缆内的扭绞线对层数发生变化，严重影响线缆抗噪声（NEXT、FEXT等）的能力，从而导致线对扭绞松开，甚至可能对导体造成破坏。

4 对双绞线最大允许的拉力为一根 100N，2 根为 150N，3 根为 200N，N 根拉力为 N × 5+50N，不管多少根线对电缆，最大拉力均不能超过 400N。

9．预留长度合适原则

缆线布放时应该考虑两端的预留，方便理线和端接。在管理间电缆预留长度一般为 3m～6m，工作区为 0.3m～0.6m；光缆在设备端预留长度一般为 5m～10m。有特殊要求的应按设计要求预留长度。

10．规避强电原则

在水平子系统布线施工中，必须考虑与电力电缆之间的距离，不仅要考虑墙面明装的电力电缆，更要考虑在墙内暗埋的电力电缆。

11．穿牵引钢丝原则

土建埋管后，必须穿牵引钢丝，方便后续穿线。

穿牵引钢丝的步骤如下：把钢丝一端用尖嘴钳弯曲成一个 Φ10mm 左右的小圈，这样做是防止钢丝在 PVC 管内弯曲，或者在接头处被顶住。

把钢丝从插座底盒内的 PVC 管端往里面送，一直送到另一端出来。把钢丝两端折弯，防止钢丝缩回管内。穿线时用钢缆把电缆拉出来。

12．管口保护原则

钢管或者 PVC 管在敷设时，应该采取措施保护管口，防止水泥砂浆或者垃圾进入管口，堵塞管道，一般用塞头封住管口，并用胶布绑扎牢固。

5.5 水平子系统 PVC 线槽的施工技术

1．PVC 线槽固定要求

安装线槽前，首先在墙面测量并且标出线槽的位置，在建工程以 1m 线为基准，保证水平安装的线槽与地面或楼板平行，垂直安装的线槽与地面或楼板垂直，没有可见的偏差。

采用托架时，一般在 1m 左右安装一个托架。固定槽时一般 1m 左右安装固定点。

固定点是指在槽内固定的地方，有直接向水泥中钉螺钉和先打塑料膨胀管再钉螺钉两种固定方式。根据槽的大小建议：

25mm × 20mm～30mm 规格的槽，一个固定点应有 2～3 个固定螺丝，并水平排列；

25mm × 30mm 以上规格槽，一个固定点应有 3～4 个固定螺丝，呈梯形状，使槽受力点分散分布；

除固定点外，应每隔 1m 左右钻 2 个孔，用双绞线穿入，待布线结束后，把所布双绞线捆扎。

2．线槽的曲率半径

线槽拐弯处也有曲率半径问题，线槽拐弯处曲率半径容易保证。直径 6mm 的双绞线电缆在线槽中最大弯曲情况和布线最大曲率半径值为 45mm（直径 90mm），布线弯曲半径与双绞线外径的最大倍数为 45/6=7.5 倍。

这就要求在安装保持双绞线电缆时靠线槽外沿，保持最大的曲率半径，如图 5-5-1 所示。

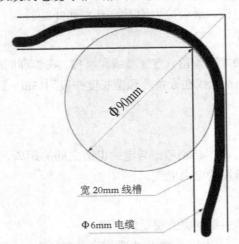

图 5-5-1　双绞线电缆时靠线槽外沿

特别强调，在线槽中安装双绞线电缆时必须在水平部分预留一定的余量，而且不能再拉电缆。如果没有余量，并且拉伸电缆后，就会改变拐弯处的曲率半径，如图 5-5-2 所示。

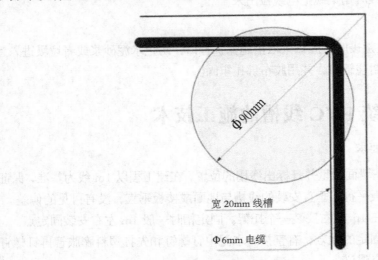

图 5-5-2　改变拐弯处的曲率半径

3．PVC 线槽弯头

在施工过程中，一般都是现场自制弯头，这样不仅能够降低材料费，而且美观。

现场自制弯头时，要求接缝间隙小于 1mm，这样比较美观，且在线槽拐弯处的盖板一般使用成品弯头，一般有阳角、阴角、三通、堵头等配件。图 5-5-3 所示为阳角，图 5-5-4 所示为阴角，图 5-5-5 所示为三通，图 5-5-6 所示为堵头。

图 5-5-3　阳角

图 5-5-4　阴角

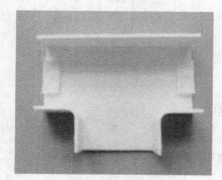

图 5-5-5　三通

图 5-5-6　堵头

4．PVC 线槽布线

对 PVC 线槽布线时，先将缆线放到线槽中，边布线边装盖板，拐弯处保持缆线有比较大的拐弯半径。在转弯处使用盖板时，需使用 PVC 线槽弯头。图 5-5-7 所示为弯通安装示意图，图 5-5-8 所示为三通安装示意图。

完成安装盖板后，不要再拉线，如果拉线会改变线槽拐弯处的缆线曲率半径。

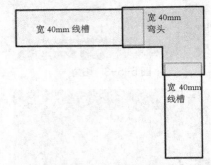

图 5-5-7　弯通安装示意图

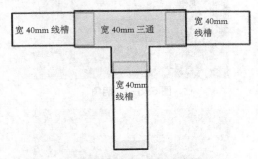

图 5-5-8　三通安装示意图

 四、任务实施

5.6　水平子系统 PVC 线管安装

1．实训课题

水平子系统 PVC 线管安装。

2．实训目的

通过设计水平子系统布线路径和距离，熟练掌握水平子系统的设计。

通过线管的安装和穿线等，熟练掌握水平子系统的施工方法。

通过使用弯管器制作弯头，熟练掌握弯管器使用方法和布线曲率半径要求。

通过核算、列表、领取材料和工具，训练规范施工的能力。

3．实训要求

设计一种水平子系统 PVC 线管的布线路径，并且绘制施工图。

按照设计图，核算实训材料规格和数量，掌握工程材料核算方法，列出材料清单。

按照设计图，准备实训工具，列出实训工具清单，独立领取实训材料和工具。

独立完成水平子系统线管安装和布线方法，掌握 PVC 管卡、管的安装方法和技巧，掌握 PVC 管弯头的制作。

4．实训设备、材料和工具

模拟墙一套。Φ20 PVC 塑料管、管接头、管卡若干。

弯管器、穿线器、十字头螺丝刀、M6X16 十字头螺钉。

钢锯、线管剪、人字梯、编号标签。

5．实训步骤

（1）实训前准备。

设计一种使用 PVC 线管从信息点到楼层机柜的水平子系统，并且绘制施工图，如图 5-6-1 所示，所选材料可根据需要组合。

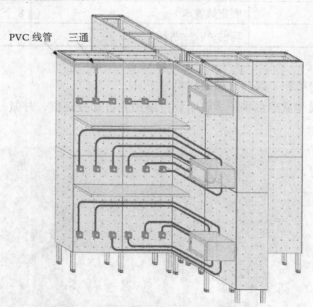

PVC 线管　　三通

图 5-6-1　信息点到楼层机柜水平子系统

（2）根据设计图，核算实训材料种类、规格和数量，掌握工程材料核算方法，列出材料清单，如表 5-6-1 所示。

表 5-6-1　垂子系统所需材料清单

材料名称	规　　格	数　　量
PVC 线管	Φ20mm	4m
PVC 线管直通	与线管匹配	2个
PVC 线管卡	与线管匹配	8个
双绞线	超 5 类	9m

按照设计图需要，列出实训工具清单，如表 **5-6-2** 所示。

表 5-6-2　垂直子系统安装工具清单

工具名称	用　途	数　量
十字螺丝刀	拧螺钉	1 把
剪刀	裁剪线缆	1 把
PVC 线管剪	裁剪线管	1 把
卷尺	测量长度	1 把
直角尺	测量	1 把
笔	作标记	1 支
人字梯	高处作业	1 架
螺钉	固定线管卡	8 个
弯管器	弯曲 PVC 线管	1 个

6. 实训过程

（1）根据材料清单和工具清单领取材料与工具。

（2）利用钢卷尺测量出水平子系统所经过路由的各部分距离，并做好记录，如图 5-6-2 所示。

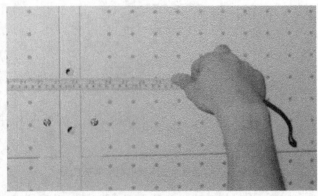

图 5-6-2　测量水平子系统经过路由的各部分距离

根据测量距离的记录，用钢卷尺测量出 PVC 线管中需剪的部位，并做上记号，如图 5-6-3 所示。

图 5-6-3　测量 PVC 线管中需剪的部位

利用 PVC 线管剪裁剪出合适长度的线管，如图 5-6-4 所示。

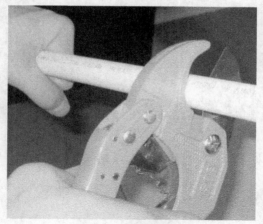

图 5-6-4　裁剪线管

在需要弯曲的地方利用弯管器弯曲至合适角度，如图 5-6-5 所示。

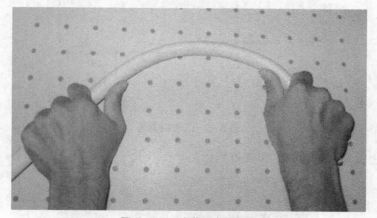

图 5-6-5　弯曲至合适角度

用螺丝将 PVC 线管卡固定在模拟墙上，约每隔 0.5m 安装一个线管卡，在线管转弯处需额外安装线管卡，如图 5-6-6 所示。

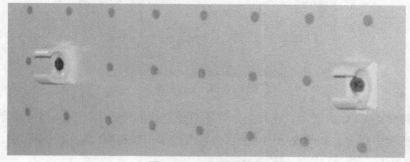

图 5-6-6　安装线管卡

将裁剪合适及弯曲成型的 PVC 线管卡入线管卡中，如图 5-6-7 所示。

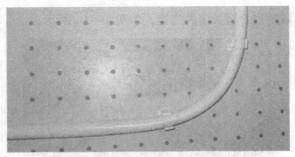

图 5-6-7　将 PVC 线管卡入线管卡中

在 PVC 线管的连接处安装直通，如图 5-6-8 所示。

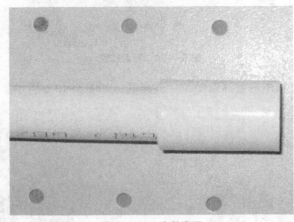

图 5-6-8　安装直通

在双绞线上做好标签，如图 5-6-9 所示。

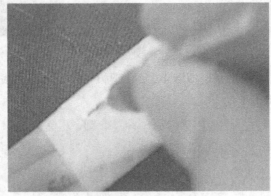

图 5-6-9　制作标签

将双绞线穿入 PVC 线管中，在弯曲处等不方便穿线的地方，可先从另一端穿入牵引线，将双绞线绑在牵引线上，如图 5-6-10 所示，再通过牵引线将双绞线拉入线管中。

7. 实训报告

● 画出水平子系统 PVC 线管布线路径图。
● 列出实训材料规格、型号、数量清单表。

- 列出实训工具规格、型号、数量清单表。
- 描述具体施工的过程。

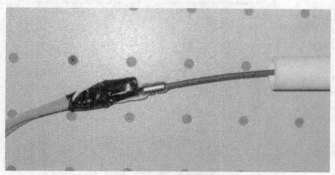

图 5-6-10　穿入牵引线

5.7　水平子系统 PVC 线槽安装

1．实训课题

水平子系统 PVC 线管安装。

2．实训目的

通过设计水平子系统布线路径和距离的设计，熟练掌握水平子系统的设计。

通过线管的安装和穿线等，熟练掌握水平子系统的施工方法。

通过 PVC 线槽的制作，熟练掌握常用 PVC 线槽弯头的制作。

通过核算、列表、领取材料和工具，训练规范施工的能力。

3．实训要求

设计一种水平子系统 PVC 线管的布线路径，并且绘制施工图。

按照设计图，核算实训材料规格和数量，掌握工程材料核算方法，列出材料清单。

按照设计图，准备实训工具，列出实训工具清单，独立领取实训材料和工具。

独立完成水平子系统线管安装和布线方法，掌握 PVC 槽的安装方法和技巧，掌握 PVC 线槽弯头的制作。

4．实训设备、材料和工具

- 模拟墙一套。
- 40mm PVC 线槽、盖板、阴角、阳角、三通若干。
- 十字头螺丝刀、自攻螺钉。
- 钢锯、线管剪、人字梯、编号标签。

5．实训步骤

（1）实训前准备。

设计一种使用 PVC 线槽从信息点到楼层机柜的水平子系统，并且绘制施工图，如图 5-7-1 所示，所选材料可根据需要组合。

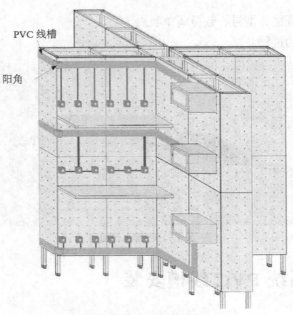

PVC 线槽

阳角

图 5-7-1　水平子系统

（2）根据设计图，核算实训材料种类、规格和数量，掌握工程材料核算方法，列出材料清单，如表 5-7-1 所示。

表 5-7-1　水平子系统所需材料清单

材料名称	规　格	数　　量
PVC 线槽	40mm	4m
PVC 线槽阴角	与线管匹配	1 个
PVC 线槽阳角	与线管匹配	2 个
双绞线	超五类	9m

按照设计图需要，列出实训工具清单，如表 5-7-2 所示。

表 5-7-2　垂直子系统安装工具清单

工具名称	用　　途	数　　量
十字螺丝刀	拧螺钉	1 把
剪刀	裁剪线缆	1 把
卷尺	测量长度	1 把
直角尺	测量	1 把
笔	做标记	1 支
人字梯	高处作业	1 架
螺钉	固定线管卡	8 个

6. 实训过程

根据材料清单和工具清单领取材料与工具。利用钢卷尺测量出水平子系统所经过路由的各部分距离，并做好记录，如图 5-7-2 所示。

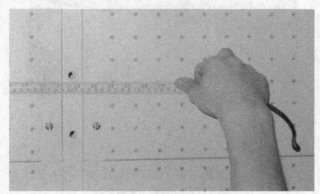

图 5-7-2　测量水平子系统所经路由的各部分距离

根据测量的距离记录，用钢卷尺测量出 PVC 线槽中需剪部位，并作上记号，如图 5-7-3 所示。

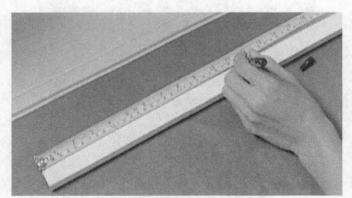

图 5-7-3　测量 PVC 线槽需剪部分

在需要转弯的地方制作弯头，先用直角尺与笔画出裁剪线，如图 5-7-4 所示。

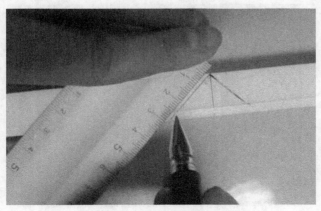

图 5-7-4　画出裁剪线

利用剪刀裁剪出弯曲部位，如图 5-7-5 所示。

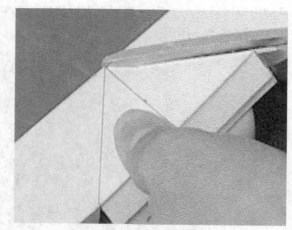

图 5-7-5　裁剪出弯曲部位

将裁剪好的线槽弯曲成型，如图 5-7-6 所示。

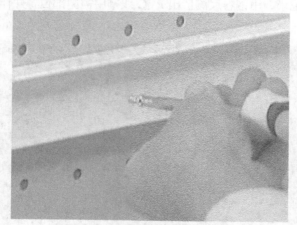

图 5-7-6　将裁剪好的线槽弯曲成型

双绞线上做好标签，如图 5-7-7 所示。

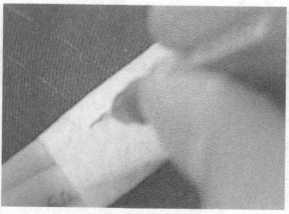

图 5-7-7　做标签

在线槽中布放双绞线，如图 5-7-8 所示。

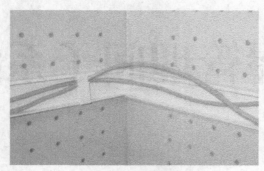

图 5-7-8 布放双绞线

盖上 PVC 线槽的盖板，如图 5-7-9 所示。

图 5-7-9 盖上 PVC 线槽盖板

在弯头处装好阴角、阳角，如图 5-7-10 所示。

图 5-7-10 装好阴角、阳角

7．实训报告

画出水平子系统 PVC 线槽布线路径图。

列出实训材料规格、型号、数量清单表。

列出实训工具规格、型号、数量清单表。

描述具体施工的过程。

单元 6
掌握管理间子系统技术

 一、任务描述

浙江科技工程学校需要实施学校二期校园网络的改造工程，为了保障未来网络的整体运行稳定，首先针对网络中心工作区的交换机设备实施改造。

在网络中心的工作区网络系统改造完成后，为了增加网络管理的模块化功能，减少网络中心的负担，增加了管理间。小明是网络中心新入职的网络管理员，因此需要学习管理间子系统综合布线的规划、设计以及安装实施过程。

 二、任务分析

通常，管理间子系统设置在楼层分配线设备的房间内。管理间子系统应由交接间的配线设备、输入/输出设备等组成，也可应用于设备间子系统中。管理间子系统应采用单点管理双交接。交接场的结构取决于工作区、综合布线系统规模和选用的硬件。在管理规模大、复杂、有二级交接间时，才设置双点管理双交接。在管理点，应根据应用环境用标记插入条来标出各个端接场。交接区应有良好的标记系统，如建筑物名称、建筑物位置、区号、起始点和功能等标志。

 三、知识准备

6.1 管理间子系统概述

管理间子系统也称为电信间或者配线间，是专门安装楼层机柜、配线架、交换机和配线设备的楼层管理间，如图 6-1-1 所示。

一般设置在每个楼层的中间位置，主要安装建筑物楼层配线设备，管理间子系统也是连接垂直子系统和水平干线子系统的设备。当楼层信息点很多时，可以设置多个管理间。

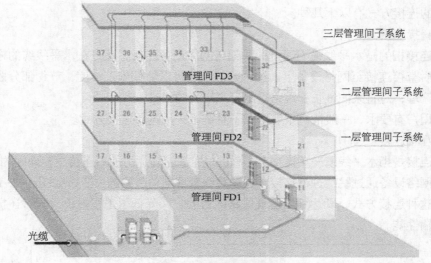

三层管理间子系统

管理间FD3

二层管理间子系统

管理间FD2

一层管理间子系统

管理间FD1

光缆

图6-1-1 管理间子系统

在综合布线系统中，管理间子系统包括了楼层配线间、二级交接间的缆线、配线架及相关接插跳线等。通过综合布线系统的管理间子系统，可以直接管理整个应用系统终端设备，从而实现综合布线的灵活性、开放性和扩展性。

6.2 管理间子系统设计

1. 管理间子系统的规模

管理间的规模应按所服务的楼层范围及工作区面积来确定。如果该层信息点数量不大于400个，水平线缆长度在90m范围以内，宜设置一个管理间；当超出这一范围时宜设两个或多个管理间；每层的信息点数量较少，且水平线缆长度不大于90m的情况下，宜几个楼层合设一个管理间。

对于低矮建筑与信息点较少的建筑而言，可考虑将管理间子系统、干线子系统整合在设备间子系统中，在楼层中不设置管理间子系统。

2. 管理间子系统的位置

在选择管理间子系统的位置时，应满足以下要求：

确定管理间位置时应充分考虑到工作区子系统中每个信息插座到管理间的水平布线距离，水平线缆长度不应大于90m，如果大于90m则应考虑选用光纤或设置第二个管理间。

管理间应尽量靠近干线子系统，如果干线子系统敷设在配线间的弱电井中，且配线间的照明、面积及其他环境要求符合规定时，可考虑将管理间设置在配线间中。

如果管理间采用壁挂式机柜，应将机柜安装到离地面至少2.55m的高度。如果信息点较多，则应该考虑用一个房间来作为管理间，放置各种设备。

3. 连接方式

连接方式是管理间子系统设计的一个重要组成部分，在设计管理间子系统时应根据楼宇的特征、用户的需求等因素选择管理间的连接方式。

常见的连接方式有以下几种。

（1）直接连接

直接连接指的是水平线缆不通过配线架与网络设备连接，而是在水平线缆的末端压制水晶头，然后直接连接至网络设备上。这种方法虽然可以降低施工难度，节约部分成本，但不利于交接管理，对将来的维护和线路重组带来较大的困难。

除非用户有要求，一般情况下管理间子系统不采用这种连接方式。

（2）互相连接

互相连接是指水平线缆一端连接至工作区的信息插座，另一端连接至管理间的配线架上，配线架和网络设备通过跳线进行连接，通过跳线管理通信线路的方式，如图 6-2-1 所示。

采用这种连接方式，既达到了管理线路的目的，又降低了工程造价，同时还提高了通路的整体传输性能。

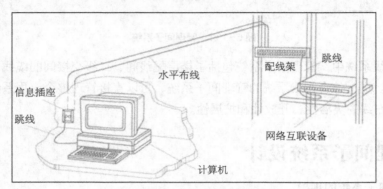

图 6-2-1　水平线缆互相连接

（3）交叉连接

交叉连接是指在水平链路中安装两个配线架。

其中，水平线缆一端连接至工作区的信息插座，一端连接至管理间的配线架，网络设备通过接插软线连接至另一个线架，然后，通过多条跳线将两个配线架连接起来，从而实现对网络用户的管理，如图 6-2-2 所示。用户如果想对线路进行变更，只需进行简单的跳线，便可完成任务。

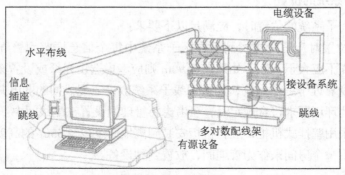

图 6-2-2　交叉连接

交叉连接又可划分为单点管理单交连、单点管理双交连和双点管理双交连 3 种方式。

（1）单点管理单交连

单点管理系统只有一个管理单元，负责各信息点的管理，如图6-2-3所示。

单点管理单交连在整幢大楼内只设一个设备间作为交叉连接区，楼内信息点均直接点对点地与设备间连接，适合于楼层低、信息点数少的布线系统。

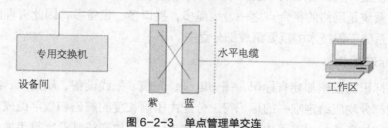

图 6-2-3　单点管理单交连

（2）单点管理双交连

单点管理位于设备间中的交换设备或互连设备附近（进行跳线管理），并在每个楼层设置一个接线区作为互连区，如图6-2-4所示。如果没有配线间，互连区可以放在用户间的墙壁上。该方式称为单点管理双交连方式，其优点是易于布线施工，适合于楼层高、信息点较多的场所。

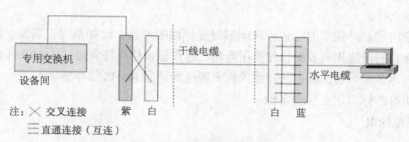

图 6-2-4　单点管理双交连

（3）双点管理双交连

双点管理系统在整幢大楼设有一个设备间，在各楼层还分别设有管理子系统，负责该楼层信息节点的管理，各楼层的管理子系统均采用主干线缆与设备间进行连接，如图 6-2-5所示。

由于每个信息点有两个可管理的单元，因此这种连接方式被称为双点管理双交连，适合楼层高、信息点数较多的布线环境。双点管理双交连方式布线使用户在交连场改变线路非常简单。

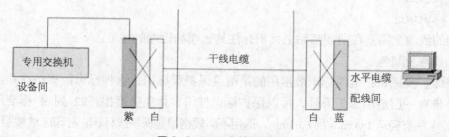

图 6-2-5　双点管理双交连

6.3　管理间子系统工程技术

标识管理是综合布线系统的一个重要组成部分，综合布线的每一电缆、光缆、配线设备、端接点、接地设置、敷设管理线等组成部分均应给定唯一的标识符，并设置标识。

管理间子系统是网络的集合点之一，线缆多，接口多，设备多，因此管理间子系统的标识是管理间子系统工程技术的重要组成部分之一。

1．管理标识要求

所有需要标识的设施都要有标识，每一电缆、光缆、配线设备、端接点、接地装置、敷设管线等组成部分均应给定唯一的标识符。分配由不同长度的编码和数字组成的标识符，以表示相关的管理信息。标识符可由数字、英文字母、汉语拼音或其他字符组成，布线系统内各同类型的器件与缆线的标识符应具有同样特征（相同数量的字母和数字等）。

建议按照"永久标识"的概念选择材料，标识的寿命应能与布线系统的设计寿命相对应。建议标识材料符合通过 UL969（或对应标准）认证以达到永久标识的保证；同时建议标识要达到环保 RoHS 指令要求。所有标识应保持清晰、完整，并满足环境的要求。

标识应打印，不允许手工填写，应清晰可见、易读取。聚酯、乙烯基或聚烯烃等材料通常是最佳的选择。

对于户内和户外使用的标识，应能够经受环境的考验，比如潮湿、高温、紫外线，应该具有与所标识的设施相同或更长的使用寿命。建议标识材料符合通过 UL969（或对应标准）认证以达到永久标识的保证；同时建议标识要达到环保 RoHS 指令要求。

要对所有的标识建立管理文档。

2．线缆标识

（1）线缆标识的要求

水平和主干子系统电缆在每一端都要标识。用标识贴于电缆的每一端比只是给电缆作标志更恰当。作为适当的管理，额外的电缆标识可以被要求在中间的位置，像管道的末端、主干的接合处、检修口和牵引盒。

（2）标识应用要求

线缆标识要有一个耐用的底层，像乙烯基，适合于缠绕。乙烯基有很好的一致性，因此很适合于缠绕，并且能够经受弯曲。推荐使用带白色打印区域和透明尾部的标识，这样当包裹电缆时可以用透明尾部覆盖打印区域，起到保护作用。透明的尾部应该有足够长度以包裹电缆一圈和一圈半。

（3）标识地址

连接的线缆上需要在两端都贴上标识标注其远端和近端的地址。

（4）规格及颜色

覆盖保护膜标识：电缆标识最常用的是覆盖保护膜标识，这种标识带有粘性并且在打印部分之外带有一层透明保护薄膜，可以保护标识打印字体免受磨损。22 到 4 标准尺寸电缆（AWG），电线直径从 1.00mm 到 6.64mm，选用不同规格覆盖保护膜标识；打印区域按照业务必须选用不同颜色标识，建议选择颜色红、橙、黄、绿、棕、蓝、紫、灰、白，如图 6-3-1 所示。

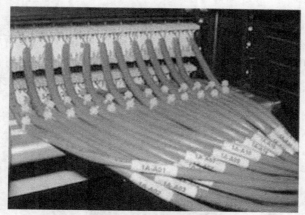

图 6-3-1　覆盖保护膜标识

　　旗形标识：光纤类线缆建议使用旗形标识，30mm×20mm 白色，如图 6-3-2 所示。

图 6-3-2　旗形标识

　　吊牌标识：大对数电缆建议使用吊牌，规格：76.20mm×19.05mm ，颜色为白色。大对数线缆一般选择吊牌标识，如图 6-3-3 所示。

图 6-3-3　吊牌标识

　　（5）位置及命名规范

　　将标识固定在电缆的每一端，而不是在电缆上做标记；每根水平链路线缆末端都应有标识，标识符号应平行于线缆，位置在距线缆末端 300mm（12 英寸），标识于线缆外层的可见部分。

3．配线架标识

使用的粘性标识在很多配线架标识上都被广泛利用，如图6-3-4所示。

当选择粘性标识时，注意应以应用来选择为特殊表面使用而设计的材料/底层。设备和其他元件的标识在本质上看都是差不多的，但选择时要小心，因为不同的粘性适合于不同的表面。

图6-3-4　配线架标识

（1）配线架标识的颜色及规格标识颜色

白色、黄色、橙色、红色、蓝色、绿色。标识宽度：9.53mm和12.70mm，推荐使用连续标识（根据不同端口数量长度，设定标识长度）。

（2）配线架标识内容规范

配线架的编号方法应当包括机架以及机柜的编号以及该配线架在机架和机柜中的位置。

配线架在机架和机柜中位置可以自上而下用英文字母表示，如果一个机架或机柜有不止26个配线架，需要两个特征来识别。

4．端接硬件的标记要求

信息插座上的每个接口位置应用中文明确标明"语音"、"数据"、"光纤"等接口类型，以及楼层信息点序列号。

信息插座的一个插孔对应一个信息点编号。信息点编号一般由楼层号、区号、设备类型代码和层内信息点序号组成。此编号将在插座标识、配线架标识和一些管理文档中使用。

 ## 四、任务实施

6.4　壁挂式机柜安装

1．实训课题

壁挂式机柜安装。

2．实训内容

一般中小型网络综合布线系统工程中，管理间子系统大多设置在楼道或者楼层竖井内，高度在1.8m以上。由于空间有限，经常选用壁挂式网络机柜，常用的有6U、9U、12U等，如图6-4-1所示。

3．实训目的

● 通过常用壁挂式机柜的安装，了解机柜的布置原则和安装方法及使用要求。

● 通过壁挂式机柜的安装，熟悉常用壁挂式机柜的规格和性能。

图 6-4-1　壁挂式网络机柜

4．实训要求

● 准备实训工具，列出实训工具清单。
● 独立领取实训材料和工具。
● 完成壁挂式机柜的定位。
● 完成壁挂式机柜墙面固定安装。

5．机柜安装要求

● 在安装位置方面，应符合设计要求，所安装螺丝不得有松动。
● 安装应竖址，柜面保持水平，垂直偏差小于等于百分之一，水平偏差小于等于 3mm。
● 机柜表面要完整，无损伤，螺丝要坚固，每平方米表面凹凸度应小于 1mm。

6．实训设备、材料和工具

● 西元牌网络综合布线实训装置 1 套。
● 实训专用 M6×16 十字头螺钉，用于固定壁挂式机柜，每个机柜使用 4 个。
● 十字头螺丝刀，长度为 150mm，用于固定螺丝。一般每人 1 个。

7．实训步骤

（1）安装前准备工作

2~3 人组成一个项目组，选举项目负责人，每组设计一种设备安装图，并且绘制图纸。
项目负责人指定 1 种设计方案进行实训。图 6-4-2 所示为其中一种方案。

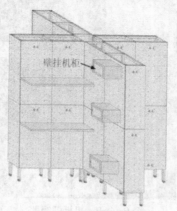

图 6-4-2　设备方案图

- 设计一种设备安装图，确定壁挂式机柜安装位置。
- 准备实训工具，列出实训工具清单。
- 领取实训材料和工具。
- 准备好需要安装的设备——壁挂式网络机柜。

（2）壁挂式机柜安装步骤

通常机柜侧面都有两块挡板，如图 6-4-3 所示，先将机柜侧面的两块挡板拆下来，如图 6-4-4 所示。

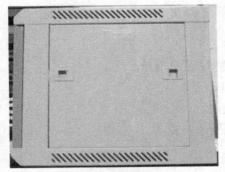

图 6-4-3 机柜侧面挡板

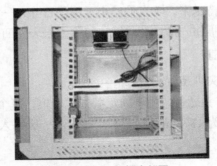

图 6-4-4 机柜内部图

通常情况下，拆下机柜侧面挡板后就可看到机柜门的钥匙，如图 6-4-5 所示。

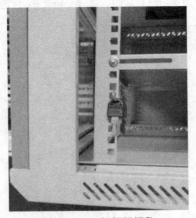

图 6-4-5 机柜门钥匙

取下机柜钥匙，打开机柜门，门与机柜通过弹簧扣连接，如图 6-4-6 所示，向下拨即可拆下弹簧扣，将机柜门取下，并将弹簧扣与机柜门放好，以防损坏或丢失。

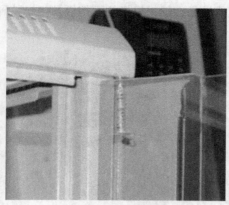

图 6-4-6　弹簧扣

在模拟墙上固定机柜的地方先装上螺丝，螺丝如图 6-4-7 所示。

图 6-4-7　螺丝

采取多人合作模式，将机柜抬到要安装的位置，并挂在螺丝上，此时机柜并不牢固，需有 1~2 人将机柜扶稳。

使用实训专用螺丝，在设计好的位置安装壁挂式网络机柜，螺丝固定牢固，如图 6-4-8 所示。

图 6-4-8　安装机柜

机柜固定好后，如果要继续安装机柜内的设备，可待所有设备安装好后，再将侧面挡板及机柜门安装回去，如图 6-4-9 所示。

如果不需要继续安装配线设备，就将机柜侧面挡板及门安装到位。

图 6-4-9

8．实训报告要求

● 画出壁挂式机柜安装位置布局示意图。

● 写出所选壁挂式机柜的品牌与规格。

● 分步陈述实训程序或步骤以及安装注意事项。

● 实训体会和操作技巧。

一、任务描述

浙江科技工程学校需要实施学校二期校园网络的改造工程，为了保障未来网络的整体运行稳定，首先针对网络中心工作区的交换机设备实施改造。

在网络中心的工作区网络系统改造完成后，以学校的网络中心为依托，往楼层上下垂直延伸，实施网络中心的垂直子系统的改造。小明是网络中心新入职的网络管理员，因此需要学习垂直子系统综合布线规划、设计以及安装实施过程。

 二、任务分析

垂直干线子系统应由设备间子系统、管理子系统和水平子系统的引入口设备之间的相互连接电缆组成。它是建筑物内的主馈电缆，是楼层之间垂直(或水平)干线电缆的统称。

在确定垂直子系统所需要的电缆总对数之前，必须确定电缆中话音和数据信号的共享原则。对于基本型每个工作区可选定 2 对，对于增强型每个工作区可选定 3 对双绞线，对于综合型每个工作区可在基本型或增强型的基础上增设光缆系统。

 三、知识准备

7.1 认识垂直子系统

1．什么是垂直子系统

在 GB 50311-2007 国家标准中，把垂直子系统称为干线子系统。

为了便于理解和工程行业习惯叫法，仍然称为垂直子系统，它是综合布线系统中非常关键的组成部分。垂直子系统由设备间子系统与管理间子系统的引入口之间的布线组成，采用大对数电缆或光缆。两端分别连接在设备间和楼层管理间的配线架上。

垂直子系统是建筑物内综合布线的主干缆线，是建筑物设备间和楼层配线间之间垂直布放（或空间较大的单层建筑物的水平布线）缆线的统称。图 7-1-1 所示为垂直子系统示意图。

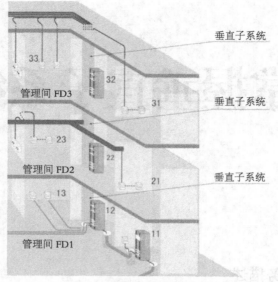

图 7-1-1　垂直子系统

2．垂直子系统的设计范围

● 垂直子系统供各条干线、接线间之间的电缆，走线用的竖向或横向通道。

● 主设备间与计算机中心间的电缆。

3．垂直子系统的拓扑结构

垂直子系统的布线是一个星型结构，从建筑物设备间向各个楼层的管理间布线，实现大楼信息流的纵向连接，图 7-1-2 所示为垂直子系统布线图。

在实际工程中，大多数建筑物都是垂直向高空发展。因此很多情况下，会采用垂直型的布线方式。但是也有很多建筑物是横向发展，如飞机场候机厅、工厂仓库等建筑，这时也会采用水平型的主干布线方式。因此主干线缆的布线路由既可能是垂直型，也可能是水平型，或是两者综合。

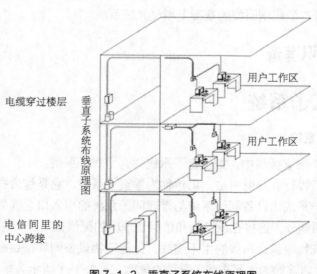

图 7-1-2　垂直子系统布线原理图

7.2　垂直子系统的设计原则

在垂直子系统中，掌握了垂直子系统的概述后，在设计垂直子系统时，都要遵循一定的标准和原则，一般垂直子系统应遵循以下原则。

1．星形拓扑结构原则

垂直子系统必须为星形网络拓扑结构。从建筑物设备间向各个楼层的管理间布线，实现大楼信息流的纵向连接，图 7-2-1 所示为垂直子系统布线原理图。

在实际工程中，大多数建筑物都是垂直向高空发展的，因此很多情况下会采用垂直型的布线方式。但是也有很多建筑物是横向发展的，如飞机场候机厅、工厂仓库等建筑，这时也会采用水平型的主干布线方式。

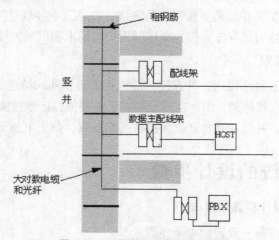

图 7-2-1　垂直子系统布线原理图

因此主干线缆的布线路由既可能是垂直型的，也可能是水平型的，或是两者的综合。

2．保证传输速率原则

垂直子系统首先考虑传输速率，一般选用光缆。光纤可利用的带宽约为 5000GHz，可以轻松实现 1 Gb/s～10Gb/s 的网络传输。

在下列场合，应首先考虑选择光缆。

- 带宽需求量较大，如银行等系统的干线。
- 传输距离较长，如园区或校园网主干线。
- 保密性、安全性要求较高，如保密、安全国防部门等系统的干线。

3．无转接点原则

由于垂直子系统中的光缆或者电缆路由比较短，而且跨越楼层或者区域，因此在布线路由中不允许有接头或者 CP 集合点等各种转接点。

4．语音和数据电缆分开原则

在垂直子系统中，语音和数据往往用不同种类的缆线传输，语音电缆一般使用大对数电缆，数据一般使用光缆，但是在基本型综合布线系统中也常常使用电缆。由于语音和数据传输时工作电压和频率不相同，往往语音电缆工作电压高于数据电缆工作电压，为了防止语音传输对数据传输的干扰，必须遵守语音电缆和数据电缆分开的原则。

5．大弧度拐弯原则

垂直子系统主要使用光缆传输数据，同时对数据传输速率要求高，涉及终端用户多，一般会涉及一个楼层的很多用户。因此在设计时，垂直子系统的缆线应该垂直安装，如果在路由中间或者出口处需要拐弯时，不能直角拐弯布线，必须设计大弧度拐弯，保证缆线的曲率半径和布线方便。

6．满足整栋大楼需求原则

由于垂直子系统连接大楼的全部楼层或者区域，不仅要能满足信息点数量少、速率要求低楼层用户的需要，更要保证信息点数量多，传输速率高楼层用户的要求。因此在垂直子系统的设计中一般选用光缆，并且需要预留备用缆线，在施工中要规范施工和保证工程质量，最终保证垂直子系统能够满足整栋大楼各个楼层用户的需求和扩展需要。

7．布线系统安全原则

由于垂直子系统涉及每个楼层，并且连接建筑物的设备间和楼层管理间交换机等重要设备，布线路由一般使用金属桥架，因此在设计和施工中要加强接地措施，预防雷电击穿破坏，还要防止缆线遭破坏等，并且注意与强电保持较远的距离，防止电磁干扰等。

7.3 垂直子系统的设计步骤

1．垂直子系统的设计步骤和方法

垂直子系统的设计步骤一般遵循如下步骤。

首先进行需求分析，与用户进行充分的技术交流，了解建筑物用途；然后要认真阅读建筑物设计图纸，确定建筑物竖井、设备间和管理间的具体位置；其次进行初步规划和设计，确定垂直子系统布线路径；最后确定布线材料规格和数量，列出材料规格和数量统计表。

其设计步骤如图 7-3-1 所示。

图 7-3-1　垂直子系统的设计步骤

2．需求分析

需求分析是综合布线系统设计的首项重要工作，垂直子系统是综合布线系统工程中最重要的一个子系统，直接决定每个信息点的稳定性和传输速度，主要涉及布线路径、布线方式和材料的选择，对后续水平子系统的施工是非常重要的。

需求分析首先按照楼层高度进行分析，分析设备间到每个楼层的管理间的布线距离、布线路径，逐步明确和确认垂直子系统的布线材料的选择。

3．技术交流

在进行需求分析后，要与用户进行技术交流，这是非常必要的。在交流中重点了解每个房间或者工作区的用途、要求、运行环境等因素。

在交流过程中必须进行详细的书面记录，每次交流结束后要及时整理书面记录，这些书面记录是初步设计的依据。

4．阅读建筑物图纸

通过阅读建筑物图纸掌握建筑物的竖井位置、设备间和管理间位置及土建结构、强电路径，重点掌握在垂直子系统路由上的电器设备、电源插座、暗埋管线等。

5．规划和设计

垂直子系统的线缆直接连接着几十或几百个用户，因此一旦干线电缆发生故障，则影响巨大。为此，必须十分重视干线子系统的设计工作。

根据综合布线的标准及规范，应按下列设计要点，进行垂直子系统的设计工作。

（1）确定缆线类型

垂直子系统缆线主要有光缆和铜缆两种类型，要根据布线环境的限制和用户、对综合布线系统设计等级的考虑确定。垂直子系统所需要的电缆总对数和光纤总芯数应满足工程的实际需求，并留有适当的备份容量。主干缆线宜设置电缆与光缆，并互相作为备份路由。

（2）垂直子系统路径的选择

垂直子系统主干缆线应选择最短、最安全和最经济的路由，一端与建筑物设备间连接，另一端与楼层管理间连接。路由的选择要根据建筑物的结构以及建筑物内预留的电缆孔、电缆井等通道位置而决定。建筑物内一般有封闭型和开放型两类通道，宜选择带门的封闭型通道敷设垂直缆线。

开放型通道是指从建筑物的地下室到楼顶的一个开放空间，中间没有任何楼板隔开。封闭型通道是指一连串上下对齐的空间，每层楼都有一间，电缆竖井、电缆孔、管道电缆、电缆桥架等穿过这些房间的地板层。

（3）缆线容量配置

主干电缆和光缆所需的容量要求及配置应符合以下规定。

- 语音业务，大对数主干电缆的对数应按每一个电话 8 位模块通用插座配置 1 对线，并在总需求线对的基础上至少预留约 10％的备用线对。
- 对于数据业务，每个交换机至少应该配置 1 个主干端口。主干端口为电端口时，应按 4 对线容量，为光端口时则按 2 芯光纤容量配置。
- 当工作区至电信间的水平光缆延伸至设备间的光配线设备（BD／CD）时，主干光缆的容量应包括所延伸的水平光缆光纤的容量在内。

（4）垂直子系统线缆敷设保护方式

缆线不得布放在电梯或供水、供气、供暖管道竖井中，也不应布放在强电竖井中。电信间、设备间、进线间之间干线通道应沟通。

（5）垂直子系统干线线缆交接

为了便于综合布线的路由管理，干线电缆、干线光缆布线的交接不应多于两次。从楼层配线架到建筑群配线架之间只应通过一个配线架，即建筑物配线架（在设备间内）。当综合布线只用一级干线布线进行配线时，放置干线配线架的二级交接间可以并入楼层配线间。

（6）确定干线子系统通道规模

垂直子系统是建筑物内的主干电缆。在大型建筑物内，通常使用的干线子系统通道是由一连串穿过管理间地板且垂直对准的通道组成，穿过弱电间地板的线缆井和线缆孔，如图7-3-2所示。

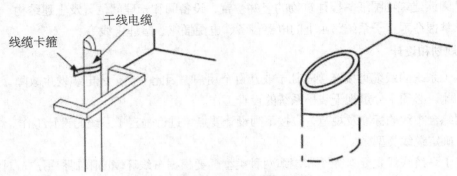

图 7-3-2　确定干线子系统通道

确定干线子系统的通道规模，主要就是确定干线通道和配线间的数目。确定的依据就是综合布线系统所要覆盖的可用楼层面积。

如果给定楼层所有信息插座都在配线间75m范围之内，那么采用单干线接线系统。单干线接线系统就是采用一条垂直干线通道，每个楼层只设一个配线间。

如果有部分信息插座超出配线间75m范围之外，就要采用双通道干线子系统，或者采用经分支电缆与设备间相连的二级交接间。如果同一幢大楼管理间上下不对齐，则可采用大小合适线缆管道系统将其连通，如图7-3-3所示。

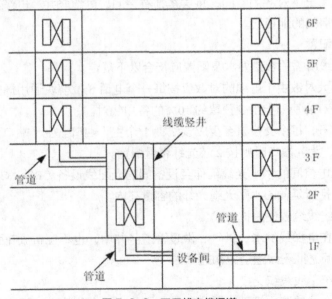

图 7-3-3　双干线电缆通道

6．完成材料规格和数量统计表

综合布线垂直子系统材料的概算是指根据施工图纸核算材料使用数量，然后根据定额计算出造价。对于材料的计算，首先确定施工使用布线材料类型，列出一个简单的统计表。

统计表主要是针对数量进行统计，避免计算材料时漏项，从而方便材料的核算。

7.4 垂直子系统线缆连接方式

通常，垂直子系统线缆的连接方式有3种：点对点端接、分支递减端接、电缆直接端接。设计者要根据建筑物结构和用户要求，确定采用哪种连接方式。

1. 点对点端接方式

点对点端接是最简单、最直接的接合方法。每个楼层管理间到设备间都有独立的线缆连接，如图7-4-1所示。从设备间引出干线线缆，经过干线通道，端接于各楼层的一个指定配线间的连接件。

线缆到各连接件上为止，不再往别处延伸。线缆的长度取决于它要连往哪个楼层以及端接的配线间与干线通道之间的距离。

此种连接只用一根电缆或光缆独立供应一个楼层，其双绞线对数或光纤芯数应能满足该楼层的全部用户信息点的需要，系统不是特别大的情况下，应首选这种端接方法。

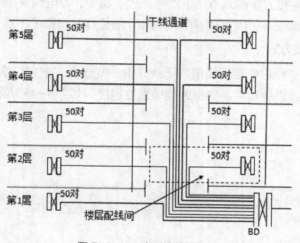

图 7-4-1　点对点端接方式

优点：点对点端接接合方式的主要优点是主干线路由上采用容量小、重量轻的线缆独立引线，不必使用昂贵的绞接盒，没有配线的接续设备介入，发生障碍容易判断和测试，便于维护管理，是一种最简单直接的相连方法。

缺点：点对点端接接合方式的主要缺点是电缆条数多，工程造价增加，占用干线通道空间较大。因各个楼层电缆容量不同，安装固定的方法和器材不一而影响美观。

2. 分支递减端接方式

分支递减端接方式通常用一根主线缆向上延伸到中间层，安装人员在楼层的配线间里装上一个绞接盒，然后用它把主电缆与粗细合适的各根小电缆分别连接在一起，后者分别连往上下各楼层的配线间中，如图7-4-2所示。

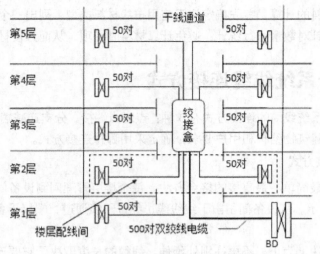

图 7-4-2　分支递减端接

优点：分支递减端接方法的优点是，干线中的主馈电缆总数较少，这可以节省一些空间，在某些场合下，分支递减接合方法的成本还有可能低于点对点为端接方法。

缺点：分支递减端接方法的缺点是电缆容量过于集中，若电缆发生障碍，波及范围较大。由于电缆分支经过接续设备，因而在判断检测和分隔检修时增加了困难和维护费用。

3．线缆直接端接方式

线缆直接端接法是指可在目标楼层的干线分出一些线缆，把它们横向敷设到各个房间，并按系统的要求对线缆进行端接。典型的线缆直接端接，如图 7-4-3 所示。

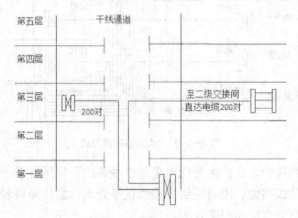

图 7-4-3　电缆直接端接

4．垂直线缆连接注意事项

采用哪一种方法更适合一组楼层或整座建筑物的需要，唯一可靠的决策依据是：了解该座建筑物的通信需要，同时，对所需的器材和劳务费进行成本比较后才能决定。

上述连接方法中采用哪一种，需要根据网络拓扑结构、设备配置情况、电缆成本及连接工作所需的劳备费来全面考虑，既可单独采用也可混合使用。

在一般的综合布线系统工程设计中，为了保证网络安全可靠，应首先选用点对点端接方法。当然，在经过成本分析后，如果能证明分支连接方法的成本较低时，就可以采用分支连接方法。

7.5 垂直子系统线缆敷设方式

1. 垂直子系统线缆敷设方式

现在新建的建筑物中通常都有弱电井，在弱电井中有一些方形槽孔和一些套筒圆孔，这些槽孔应该是每层都对准，从建筑物最高层直通至最低层，用来敷设垂直子系统线缆。

对没有弱电井的垂直干线敷设，一般是重新敷设重直金属线槽作为垂井。无论是哪种方式，垂直干线子系统线缆敷设通常有以下两种方法：向下垂放线缆和向上牵引线缆。

2. 向下垂放线缆

在向下垂放电缆时，建议按照以下步骤进行并注意施工方法。

（1）核实缆线的长度重量

在布放缆线前，必须检查线缆两端，核实外护套上的总尺码标记，并计算外护套的实际长度，力求精确核实，以免敷设后发生较大误差。

确定运到的缆线的尺寸和净重，以便考虑有无足够体积和负载能力的电梯，将缆线盘运到顶层或相应楼层，从而决定向上还是向下牵引缆线施工。

（2）确定小孔垂放还是大孔垂放

● 小孔垂放线缆

小孔向下垂放线缆的一般步骤如下。

首先把线缆卷轴放到最顶层。

在离竖井处（孔洞处）3m～4m处安装线缆卷轴（如图7-5-1所示），并从卷轴顶部馈线。

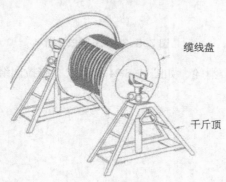

缆线盘

千斤顶

图7-5-1　小孔垂放线缆

在线缆卷轴处，安排所需的布线施工人员（数目视卷轴尺寸及线缆质量而定），每层上要有一个工人以便引寻下垂的线缆。开始旋转卷轴，将线缆从卷轴上拉出。

在孔洞中安放一个塑料的靴状保护物，以防止孔洞不光滑的边缘擦破线缆的外皮，如图7-5-2所示。

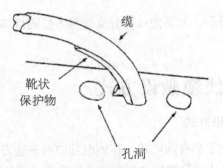

缆

靴状
保护物

孔洞

图 7-5-2　安放一个塑料的靴状保护物

将拉出的线缆引导进竖井中的孔洞。 慢慢地从卷轴上放缆并进入孔洞向下垂放，不要快速地放缆。继续放线，直到下一层布线工人员能将线缆引到下一个孔洞。

按前面的步骤，继续慢慢地放线，并将缆引入各层的孔洞。

● 大孔垂放线缆

如果要经由一个大孔垂放垂直线缆，就无法使用靴状保护物来保护线缆了，这时就需要使用滑轮（如图 7-5-3 所示）来垂直向下敷设线缆。

大孔向下垂放线缆的一般步骤如下。

图 7-5-3　大孔垂放线缆

在孔的中心处装上一个滑轮，如图 7-5-4 所示。将缆拉出绕在滑车轮上。

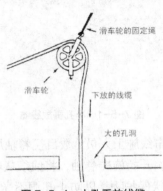

滑车轮的固定绳

滑车轮

下放的线缆

大的孔洞

图 7-5-4　大孔垂放线缆

按前面所介绍的方法牵引缆穿过每层的孔，当线缆到达目的地时，把每层上的线缆绕成卷放在架子上固定起来，等待以后的端接。

3．向上牵引线缆

当线缆盘因各种因素不能搬到顶层，或建筑物本身楼层数量较少，建筑物垂直干线布线的长度不长时，也可采用向上牵引线缆的敷设方式。向上牵引线缆可用电动牵引绞车，如图7-5-5所示。

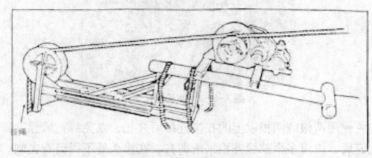

图 7-5-5　向上牵引线缆

向上牵引线缆的步骤如下所示。

- 对垂直线缆路由进行检查，确定至管理间的每个位置都有足够的空间敷设和支持垂直线缆。
- 按照线缆的质量，选定绞车型号，并按绞车制造厂家的说明书进行操作。先往绞车中穿一条绳子，根据线缆的大小和重量及竖井的高度，确定拉绳的大小和抗张强度。
- 往下垂放一条拉绳，拉绳向下垂放直到安放线缆的底层。
- 将线缆绑在拉绳上。
- 启动绞车，慢慢地将线缆通过各层的孔向上牵引。在每个楼层应有施工人员，使线缆不得在洞孔边缘磨、蹭、刮、拖等现象。
- 缆的末端到达顶层时，停止绞车。
- 当所有连接制作好之后，从绞车上释放线缆的末端。

4．注意事项

无论采用何种牵引方式，要求每层楼都应有人驻守，观察线缆敷设情况，这些施工人员需要带有安全手套、无线电话等设备，及时发现和处理问题。

7.6　垂直子系统线缆绑扎

1．垂直子系统线缆绑扎的基本要求

垂直子系统敷设缆线时，应对缆线进行绑扎。

对绞电缆、光缆及其他信号电缆应根据缆线的类别、数量、缆径、缆线芯数分束绑扎，绑扎间距不宜大于1.5m，防止线缆因重量产生拉力造成线缆变形。

线缆绑扎时应尽量满足以下基本要求。

（1）线缆绑扎要求做到整齐、清晰及美观。一般按类分组，线缆较多可再按列分类。

（2）使用扎带绑扎线束时，应视不同情况使用不同规格的扎带，常见的扎带如图 7-6-1所示。

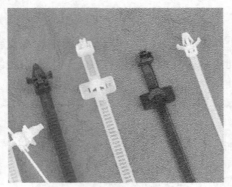

图 7-6-1　常见的扎带

（3）尽量避免使用两根或两根以上的扎带连接后并扎，以免绑扎后强度降低。

（4）扎带扎好后，应将多余部分齐根平滑剪齐，在接头处不得留有尖刺。

（5）线缆绑成束时扎带间距应为线缆束直径的 3～4 倍，且间距均匀。

（6）绑扎成束的线缆转弯时，应尽量采用大弯曲半径以免在线缆转弯处应力过大造成数据传输时损耗过大。

2．无线槽的垂直子系统线缆绑扎方式

对于采用电缆孔和电缆井布线的垂直系统，可采用将线缆直接绑扎在支撑架上、绑扎在梯架上和绑扎在钢缆上 3 种方式。

（1）直接绑扎在线缆支撑架上

采用这种方式绑扎线缆，工程量较小，施工简单。施工时，先在垂直线缆的路由上水平安装电缆支架，安装间距为 1.5m、进线出线处或有特殊需要的地方。当垂直线缆布放完后，用扎带将线缆分组绑扎在电缆支架上，如图 7-6-2 所示。

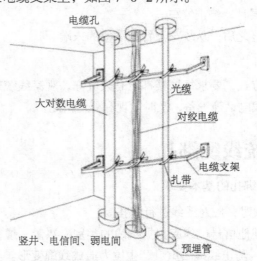

图 7-6-2　用扎带将线缆分组绑扎在电缆支架上

（2）绑扎在梯架上

采用这种方式绑扎线缆，工程量较大，施工较为复杂，但整个垂直系统比较稳固。

施工时先在垂直线缆路由上约每隔 1m 左右安装梯式桥架的支撑架，将梯式桥架安装并固定在支撑架上，再将垂直线缆用扎带绑扎在梯式桥架上，如图 7-6-3 所示。

采用这种方式应尽量避免将梯式桥架安装在墙上。

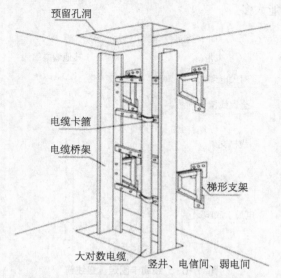

图 7-6-3　垂直线缆用扎带绑扎在梯式桥架上

（3）绑扎在钢缆上

因为钢缆的承重力较大，也可先在垂直子系统路由处先安装钢缆，再将线缆绑扎在钢缆上，让钢缆分担线缆的重力。

施工时，先根据设计的布线路径在墙面安装支架，在垂直方向每隔 1000mm 安装 1 个支架。支架安装好以后，根据需要的长度用钢锯裁好合适长度的钢缆，必须预留两端绑扎长度。钢缆两端用 U 型卡将钢缆固定在支架上，如图 7-6-4 所示。

用线扎将线缆绑扎在钢缆上，间距 500mm 左右。在垂直方向均匀分布线缆的重量。绑扎时不能太紧，以免破坏网线的绞绕节距；也不能太松，避免线缆的重量将线缆拉伸。

图 7-6-4　线缆绑扎在钢缆上

3．有线槽的垂直子系统线缆绑扎

在采用线槽作为线缆载体的场合，则不适合上述绑扎线缆的方法。需采用下述方法才能固定垂直线缆。

（1）通过线缆卡固定垂直线缆

安装垂直线槽前，需先将线缆卡安装在线槽上，每隔 1.5m 安装一个线缆卡，然后再将垂直线槽安装在垂直路由上。当垂直线缆在线槽中布放完成后，再将线缆固定在线槽内的线缆卡上，如图 7-6-5 所示，让线槽平均分布线缆的重量。

采用这种方法可使线槽中的垂直线缆较为美观，但要求每个卡口只能固定一条线缆，因此线槽中线缆的数量不能太多。

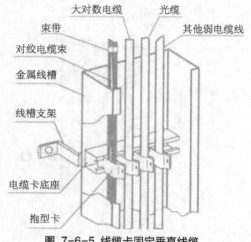

图 7-6-5 线缆卡固定垂直线缆

（2）通过线槽内支架绑扎线缆

如果垂直线槽内的线缆较多，就不适合用线缆卡槽，但可采用以下两种方式制作绑扎线缆的绑扎。

● 采用圆钢支架

垂直线槽安装在墙上时，先在线槽内每隔 1.5m 处焊接一根较硬的圆钢，再将线槽安装在墙上，垂直线缆布放好后，将垂直线缆分布绑扎在圆钢上，如图 7-6-6 所示。

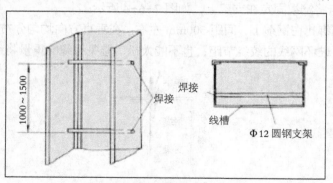

图 7-6-6　垂直线缆分布绑扎在圆钢上

● 采用扁钢支架

如果觉得圆钢支架焊接麻烦，也可采用适合的扁钢支架来替代，如图 7-6-7 所示，先将扁钢支架用螺丝固定在线槽内，再将线缆绑扎在扁钢支架上。

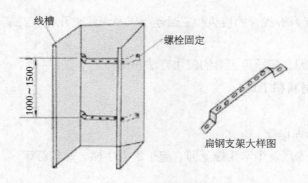

线槽

螺栓固定

1000～1500

扁钢支架大样图

图 7-6-7 线缆绑扎在扁钢支架上

4．注意事项

在一次网络综合布线工程施工过程中，将一栋 5 层公寓楼的垂直布线所有的线缆绑扎在了一起。在测试时，发现有一层的线缆无法测通，经过排查发现是垂直子系统的布线出现了问题，需要重新布线。在换线的过程中，无法抽动该层的线缆，又将所有绑扎的线缆逐层放开，才更换好。所以在施工过程中，垂直系统的绑扎要分层绑扎，并做好标记。

同时值得注意的是：在许多捆线缆的场合，位于外围的线缆受到的压力比线束里面的大，压力过大会使线缆内的扭绞线对变形，影响性能，表现为回波损耗成为主要的故障模式。回波损耗的影响能够累积下来，这样每一个过紧的系缆带造成的影响都累加到总回波损耗上。

可以想象最坏的情况，在长长的悬线链上固定着一根线缆，每隔 300mm 就有一个系缆带。这样固定的线缆如果有 40m，那么线缆就有 134 处被挤压着。当系缆带时，要注意系带时的力度，系缆带只要足以束住线缆就足够了。

 四、任务实施

7.7 垂直子系统项目实训

1．实训课题

安装垂直子系统的管槽系统，并敷设线缆，用来连接管理间子系统与设备间子系统。

2．实训目的

通过垂直子系统布线路径和距离的设计，熟练掌握垂直子系统的设计。

通过线槽/线管的安装和穿线等，熟练掌握垂直子系统管槽施工方法。

通过敷设线缆掌握垂直线缆的绑扎方法。

通过核算、列表、领取材料和工具，训练规范施工的能力。

3．实训要求

计算和准备好实验需要的材料和工具。

完成竖井内模拟布线实验，合理设计和施工布线系统，路径合理。

垂直布线平直、美观，接头合理。

掌握垂直子系统线槽/线管的接头和三通连接以及大线槽开孔、安装、布线、盖板的方法和技巧。

掌握锯弓、螺丝刀、起子等工具的使用方法和技巧。

4．实训设备、材料和工具

模拟墙一套。

PVC 线槽、各种连接件。

锯弓、锯条、钢卷尺、十字头螺丝刀、起子、人字梯、螺丝钉等。

5．实训步骤

（1）实训前准备

设计一种使用 PVC 线槽、PVC 线管或金属线槽从设备间机柜到楼层管理间机柜的垂直子系统，并且设计与绘制施工图，如图 7-7-1、图 7-7-2 和图 7-7-3 所示，所选材料可根据需要组合。

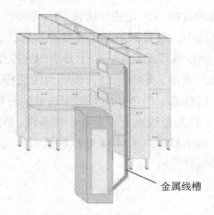

图 7-7-1　使用金属线槽的垂直子系统

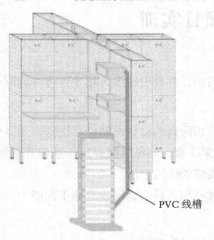

图 7-7-2　使用 PVC 线槽的垂直子系统

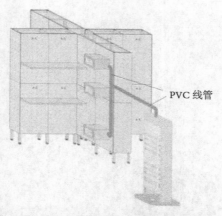

PVC 线管

图 7-7-3 使用 PVC 线管的垂直子系统

根据设计图,核算实训材料种类、规格和数量,掌握工程材料核算方法,列出材料清单,如表 7-7-1 所示。

表 7-7-1 垂子系统所需材料清单

材料名称	规　格	数　量
PVC 线槽	50mm × 25mm	3.5m
PVC 弯通	50mm × 25mm	3 个
PVC 三通	50mm × 25mm	1 个
PVC 线槽封口	50mm × 25mm	2 个
室内光缆	6 芯,多模	5m
大对数电缆	25 对,超 5 类	5m
十字头螺钉	M6 × 16	10 个

按照设计图需要,列出实训工具清单,如表 7-7-2 所示。

表 7-7-2 垂直子系统安装工具清单

工具名称	用　途	数　量
十字螺丝刀	拧螺丝	1 把
剪刀	裁剪线槽,线缆	1 把
卷尺	测量长度	1 把
直角尺	测量	1 把
笔	做标记	1 支
人字梯	高处作业	1 架

（2）实训过程

根据材料清单和工具清单领取材料与工具。

利用钢卷尺测量出垂直子系统所经过路由的各部分距离,并做好记录,如图 7-7-4 所示。

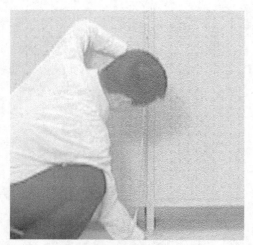

图 7-7-4　测量子系统所经路由各部分距离

　　根据测量的距离的记录，用钢卷尺测量出 PVC 线槽中需剪的部位，并做上记号，如图 7-7-5 所示。

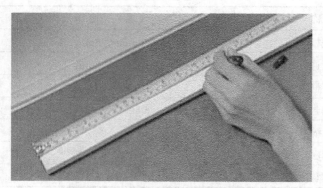

图 7-7-5　标记 PVC 线槽需剪部位

　　利用尺子绘制出需裁剪的弯角形状，如图 7-7-6 所示。

图 7-7-6　绘制需裁剪的弯角形状

用剪刀根据绘制的图形进行裁剪，如图 7-7-7 所示。

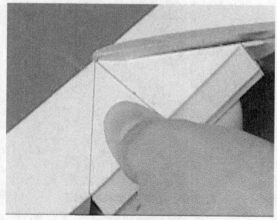

图 7-7-7 裁剪

用螺丝将线槽固定在模拟墙上，如图 7-7-8 所示。

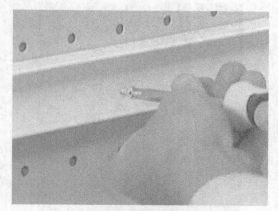

图 7-7-8 固定线槽

在需要弯曲的地方，利用裁剪后的线槽弯成合适的形状，如图 7-7-9 所示。

图 7-7-9 弯成合适的形状

在安装好的线槽中敷设线缆，并用笔在线缆末端做上标记，如图 7-7-10 所示。

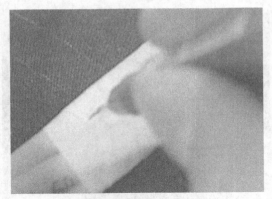

图 7-7-10　在线缆末端做标记

盖上线槽盖，注意弯曲处要使用弯头、阴角或阳角等，用锤子轻敲线槽盖，使其卡紧线槽，如图 7-7-11 所示。

图 7-7-11　轻敲线槽盖

6. 实训报告

● 画出垂直子系统 PVC 线槽布线路径图。

● 计算出布线需要弯头、接头等的材料和工具。

● 描述具体施工的过程。

PART 8

单元 8
掌握设备间子系统技术

 一、任务描述

浙江科技工程学校需要实施学校二期校园网络的改造工程，为了保障未来网络的整体运行稳定，首先针对网络中心工作区的交换机设备实施改造。

在网络中心的工作区网络系统改造完成后，为了增加网络管理的模块化功能，减少网络中心的承担的负担，增加了设备间，专门承担校园网设备的管理。小明是网络中心新入职的网络管理员，因此需要学习设备间子系统综合布线的规划、设计以及安装实施过程。

 二、任务分析

设备间子系统是整个布线数据系统的中心单元，实现每层楼汇接来的电缆的最终管理。设备间是在每幢大楼的适当地点，设置进线设备，进行网络管理以及管理人员值班的场所；由综合布线系统的建筑物进线设备数据、计算机等各种主机设备，及其保安配线设备等组成；主要用于汇接各个 IDF 包括配线架、连接条、绕线环和单对跳线等。设备间子系统所有进线终端设备，采用色标，区别各类用途的配线区。

 三、知识准备

8.1 认识设备间子系统

1．设备间概念

设备间是智能化建筑的电话交换机设备和计算机网络设备以及建筑物配线设备(BD)安装的地点，也是进行网络管理的场所。

2．设备间国家标准

国家标准 GB 50311—2007 对设备间的安装工艺要求有以下规定。

（1）设备间的位置，应根据安装设备的数量、规模、网络构成等因素，综合考虑确定。

（2）在每幢智能化建筑内，至少设置 1 个设备间。如果电话交换机与计算机网络设备分别安装在不同场所，根据网络安全需要，也可设置 2 个或 2 个以上设备间，以满足不同业务设备安装需要。

设备间的设计涉及面较为宽广，为此，应符合以下规定和相关专业的要求。

- 设备间宜位于干线子系统的中间位置，并应考虑减少主干缆线的传输距离和缆线的数量，以节省工程建设投资。
- 设备间的位置，应尽量靠近建筑物内的电缆竖井或其附近，有利于主干缆线的引入或接出，便于施工和维护。
- 设备间的位置宜便于设备接地。
- 设备间应尽量远离高低压变配电、电机、X 射线、无线电发射等有电磁干扰源存在的场地，务必要求它们之间达到或大于最小净距的规定，以减少电磁干扰对通信(信息)的影响。
- 设备间内的室内温度应为 10℃～35℃，相对湿度应为 20%～80%，并应有良好的通风条件。
- 设备间内应有足够的设备安装空间，其使用面积不应小于 10m²。这个面积不包括用户程控电话交换机、计算机网络设备等设施所需的安装设备面积在内。
- 设备间内应避免设有柱子等结构构件，如有房梁时，其梁下净高不应小于 2.5m。采用向外开的双扇门，门宽不应小于 1.5m。

（3）设备间应防止有害气体（如氯、碳水化合物、硫化氢、氮氧化物、二氧化碳等）侵入，并应有良好的防尘措施，尘埃含量限值应符合规定。灰尘粒子应该是不导电、非铁磁性和非腐蚀性的。

（4）在地震区域范围内，设备安装应按通信设备抗震设计规范的规定进行抗震加固。

（5）通信（信息）设备在设备间内安装应符合以下规定。

机架（柜）前面的净空，不应小于 800mm；机架(柜)后面的净空，不应小于 600mm，以利于维护和管理。墙壁上安装的壁挂式配线设备，其底部离地面的高度不应小于 300mm。如果设备间内装有活动地板，仍应保证不小于 300mm，即配线设备底部离活动地板的高度为 300mm。

（6）设备间内应设有不少于两个 200V 带保护接地的单相电源插座，但不得作为设备供电电源。设备间如安装电信设备或其他信息网络设备，设备供电应符合相应的设计要求。

3. 设备间在综合布线中所处的地理位置

设备间子系统一般设在建筑物中部，或者在建筑物的一、二层，避免设在顶层，而且要为以后的扩展留下余地，如图 8-1-1 所示。

4. 设备间设计和建设概述

设备间要根据具体的实际情况和 GB 50311 标准来进行设计。

- 设备间装饰，地面一般使用静电地板。天棚一般使用吊顶设计，吊顶板材使用防火设计，采用轻质的金属多孔板材比较普遍。墙面使用保温防火设计。
- 设备间的配电，一般来说使用三线五线制的动力电缆供电，进入 UPS 不间断电源，输出使用 UPS 逆变输出，保证用电质量。要保证电源良好的接地和有效的符合标准的防雷设计。

- 设备间的空调要求和普通家用空调的区别，在于洁净度和制冷方面要求比较高，可以使用楼宇的中央空调，但是需要加装防尘滤网。

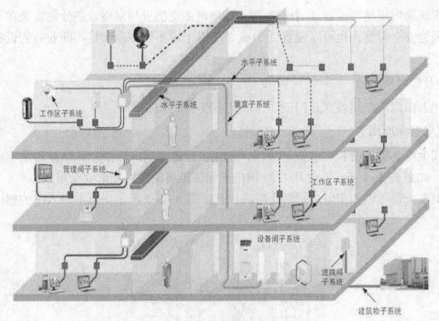

图 8-1-1 设备间子系统布线

- 设备间布线采用地板下走线，或者吊顶桥架式走线方式进行。
- 设备间的网络设备和服务器都要放在机柜中，每个机柜相当于一个模块，使用模块方式来进行设备的摆放。

8.2 设备间设计原则

设备间的设计要符合 GB 50311 标准中的要求，根据要求总结出下面 7 个方面，作为设计必须遵守的原则。

1．位置合适原则

设备间的位置应根据建设物的结构、布线规模、设备数量和管理方式来综合考虑。

设备间宜处于干线子系统的中间位置，并考虑主干缆线的传输距离与数量。设备间宜尽可能靠近建筑物竖井位置，有利于主干缆线的引入；设备间的位置宜便于设备接地，设备间还要尽量远离高低压变配电、电机、X 射线、无线电发射等有干扰源存在的场所。

在工程设计中，设备间一般设置在建筑物一层或者地下室，位置宜与楼层管理间距离近，并且上下对应。

2．面积合理原则

设备间面积大小应考虑安装设备的数量和维护管理方便。如果面积太小，后期可能出现设备安装拥挤，不利于空气流通和设备散热。设备间内应有足够的设备安装空间，其使用面积不应小于 10m²。特别要预留维修空间，方便维修人员操作，机架或机柜前面的净空不应小于 800mm，后面净空不应小于 600mm。

3．数量合适原则

每栋建筑物内应至少设置 1 个设备间，如果电话交换机与网络设备分别安装在不同的场地，或者因为安全需要，也可以设置 2 个或 2 个以上设备间，以满足不同业务的设备安装需要。

4．外开门原则

设备间入口门应采用外双开门设计，门宽不应小于 1.5m。

5．配电安全原则

设备间供电必须符合相应的设计规范，例如：设备专用电源插座、维修和照明电源插座接地排等。如图 8-2-1 所示，使用 UPS 供电来保证设备间内的配电安全可靠。

为了更安全，可以为市电进行整压整流设计。图 8-2-2 所示为市电进入时的整压整流配电箱。

图 8-2-1　使用 UPS 供电

图 8-2-2　市电进入时的整压整流配电箱

6．环境安全原则

设备间室内环境温度为 10℃～35℃，相对湿度应为 20%~80%，并应有良好的通风和良好的防尘措施，防止有害气体侵入。设备间梁下净高不应小于 2.5m，有利于空气循环。

设备间应具有断电自启功能，如果出现临时停电，来电后能够自动重启，不需要管理人员专门启动。设备间空调容量的选择要考虑工作人员，更要考虑设备散热，还要具有备份功能，一般必须安装两台，一台使用，一台备用。图 8-2-3 所示是使用了中央空调的设备间，采用天花板送风方式。

图 8-2-3　中央空调的设备间，采用天花板送风方式

7．标准的接口原则

建筑物综合布线系统与外部配线网连接时，应遵循相应的接口标准要求。例如：设备间与园区其他建筑物或中心机房连接配线时，要统一光纤类型和接口类型。

同时，为了方便以后的线路管理，线缆布设过程中，应在两端贴上标签，以标明线缆的起始和目的地。

8.3　设备间设计步骤和方法

1．设计步骤

设计人员应与用户方一起商量，根据用户方要求及现场情况具体确定设备间位置的最终位置。只有确定了设备间位置后，才可以设计综合布线的其他子系统。因此用户需求分析时，确定设备间位置是一项重要的工作内容，其设计步骤如图 8-3-1 所示。

图 8-3-1　设备间子系统设计步骤

2．需求分析

在进行需求分析后，要与用户进行技术交流，不仅要与技术负责人交流，也要与项目或

者行政负责人进行交流，进一步充分和广泛地了解用户的需求，特别是未来的扩展需求。

在交流中，重点了解规划的设备间子系统附近的电源插座、电力电缆、电器管理等情况。在交流过程中，必须进行详细的书面记录，每次交流结束后，要及时整理书面记录，这些书面记录是初步设计的依据。

3．阅读建筑物图纸

在设备间的位置确定前，索取和认真阅读建筑物设计图纸是必要工作。通过阅读建筑物图纸掌握建筑物的土建结构、强电路径、弱电路径，特别是主要与外部配线连接接口位置，重点掌握设备间附近的电器管理、电源插座、暗埋管线等。

4．确定设计要求

（1）设备间位置

设备间的位置及大小应根据建筑物的结构、综合布线规模、管理方式以及应用系统设备的数量等方面进行综合考虑，择优选取。一般而言，设备间应尽量建在建筑平面及其综合布线干线综合体的中间位置。在高层建筑内，设备间也可以设置在第一、第二层。

确定设备间的位置可以参考以下设计规范。

- 应尽量建在综合布线干线子系统的中间位置，并尽可能靠近建筑物电缆引入区和网络接口，以方便干线线缆的进出。
- 应尽量避免设在建筑物的高层或地下室以及用水设备的下层。
- 应尽量远离强振动源和强噪声源。
- 应尽量避开强电磁场的干扰。
- 应尽量远离有害气体源以及易腐蚀、易燃、易爆物。
- 应便于接地装置的安装。

（2）设备间的面积

设备间的使用面积要考虑所有设备的安装面积，还要考虑预留工作人员管理操作设备的地方。

（3）建筑结构

设备间的建筑结构主要依据设备大小、设备搬运以及设备重量等因素而设计。设备间的高度一般为 2.5m～3.2m。设备间门的大小至少为高 2.1m，宽 1.5m。

设备间的楼板承重设计一般分为两级。

- A 级 ≥500kg/m²
- B 级 ≥300kg/m²

（4）设备间的环境要求

设备间内安装了计算机、计算机网络设备、电话程控交换机、建筑物自动化控制设备等硬件设备。这些设备的运行需要相应的温度、湿度、供电、防尘等要求。

设备间内的环境设置可以参照国家计算机用房设计标准《GB 50174-93 电子计算机机房设计规范》、程控交换机的《CECS09：89 工业企业程控用户交换机工程设计规范》等相关标准及规范。

● 温湿度

综合布线有关设备的温湿度要求可分为 A、B、C 三级，设备间的温湿度也可参照 3 个级别进行设计。3 个级别具体要求如表 8-3-1 所示。

表 8-3-1　综合布线设备的温湿度等级

项目	A 级	B 级	C 级
温度（℃）	夏季：22±4 冬季：18±4	12~30	8~35
相对湿度	40%~65%	35%~70%	20%~80%

设备间的温湿度控制可以通过安装降温或加温、加湿或除湿功能的空调设备来实现控制。选择空调设备时，南方地区主要考虑降温和除湿功能；北方地区要全面具有降温、升温、除湿、加湿功能。空调的功率主要根据设备间的大小及设备多少而定。

● 尘埃

设备间内的电子设备对尘埃要求较高，尘埃过高会影响设备的正常工作，降低设备的工作寿命。设备间的尘埃指标一般可分为 A、B 二级，详见表 8-3-2。

表 8-3-2　设备间的尘埃指标

项目	A 级	B 级
粒度（μm）	>0.5	>0.5
个数(粒/dm³)	<10000	<18000

要降低设备间的尘埃度关键在于定期的清扫灰尘，工作人员进入设备间应更换干净的鞋具。

● 空气

设备间内应保持空气洁净，有良好的防尘措施，并防止有害气体侵入。允许有害气体限值见表 8-3-3。

表 8-3-3　有害气体限值

有害气体/(mg / m³)	二氧化硫(SO^2)	硫化氢(H_2S)	二氧化氮(NO_2)	氨(NH_3)	氯(Cl_2)
平均限值	0.2	0.006	0.04	0.05	0.01
最大限值	1.5	0.03	0.15	0.15	0.3

● 照明

为了方便工作人员在设备间内操作设备和维护相关综合布线器件，设备间内必须安装足够照明度的照明系统，并配置应急照明系统。设备间内距地面 0.8m 处，照明度不应低于 200lx。设备间配备的事故应急照明，在距地面 0.8m 处，照明度不应低于 5lx。

● 噪声

为了保证工作人员的身体健康，设备间内的噪声应小于 70dB。如果长时间在 70dB ~ 80dB 噪声的环境下工作，不但影响人的身心健康和工作效率，还可能造成人为的噪声事故。

● 电磁场干扰

根据综合布线系统的要求，设备间无线电干扰的频率应在 0.15MHz～1000MHz 范围内，噪声不大于 120dB，磁场干扰场强不大于 800A/m。

● 供电系统

设备间供电电源应满足以下要求。

频率：50Hz；　电压：220V/380V；　相数：三相五线制或三相四线制/单相三线制。

设备间供电电源允许变动范围如表 8-3-4 所示。

表 8-3-4　设备间供电电源允许变动范围

项目	A 级	B 级	C 级
电压变动	−5% ～ +5%	−10% ～ +7%	−15% ～ +10%
频率变动	−0.2% ～ +0.2%	−0.5% ～ +0.5%	−1 ～ +1
波形失真率	< ±5%	< ±7%	< ±10%

根据设备间内设备的使用要求，设备要求的供电方式分为 3 类：

需要建立不间断供电系统；　需建立带备用的供电系统；　按一般用途供电考虑。

（5）设备间的设备管理

设备间内的设备种类繁多，而且线缆布设复杂。为了管理好各种设备及线缆，设备间内的设备应分类分区安装，设备间内所有进出线装置或设备应采用不同色标，以区别各类用途的配线区，方便线路的维护和管理。

（6）结构防火

为了保证设备使用安全，设备间应安装相应的消防系统，配备防火防盗门。

安全级别为 A 类的设备间，其耐火等级必须符合 GB 50045−95《高层民用建筑设计防火规范》中规定的一级耐火等级。

安全级别为 B 类的设备间，其耐火等级必须符合 GB 50045−95《高层民用建筑设计防火规范》中规定的二级耐火等级。

安全级别为 C 类的设备间，其耐火等级要求应符合 GBJ 16−87《建筑设计防火规范》中规定的二级耐火等级。

与 C 类设备间相关的其余基本工作房间及辅助房间，其建筑物的耐火等级不应低于 TJ16中规定的三级耐火等级。与 A、B 类安全设备间相关的其余基本工作房间及辅助房间，其建筑物的耐火等级不应低于 TJl6 中规定的二级耐火等级。

（7）接地要求

设备间设备安装过程中，必须考虑设备的接地。根据综合布线相关规范要求，接地要求如下：

直流工作接地电阻一般要求不大于 4Ω，交流工作接地电阻也不应大于 4Ω，防雷保护接地电阻不应大于 10Ω。建筑物内部应设有一套网状接地网络，保证所有设备共同的参考等电位。

如果综合布线系统单独设置接地系统，且能保证与其他接地系统之间有足够的距离，则接地电阻值规定为小于等于 4Ω。

为了获得良好的接地，推荐采用联合接地方式。所谓联合接地方式就是将防雷接地、交流工作接地、直流工作接地等统一接到共用的接地装置上。

当综合布线采用联合接地系统时，通常利用建筑钢筋作防雷接地引下线，而接地体一般利用建筑物基础内钢筋网作为自然接地体，使整幢建筑的接地系统组成一个笼式的均压整体。联合接地电阻要求小于或等于 1Ω。

接地所使用的铜线电缆规格与接地的距离有直接关系，一般接地距离在 30m 以内，接地导线采用直径为 4mm 的带绝缘套的多股铜线缆。接地铜缆规格与接地距离的关系可以参见表 8-3-5。

表 8-3-5　接地铜缆规格与接地距离的关系

接地距离（m）	接地导线直径（mm）	接地导线截面积（mm²）
小于 30	4.0	12
30~48	4.5	16
48~76	5.6	25
76~106	6.2	30
106~122	6.7	35
122~150	8.0	50
151~300	9.8	75

（8）设备间内的线缆敷设

● 活动地板方式

这种方式是缆线在活动地板下的空间敷设，由于地板下空间大，因此电缆容量和条数多，路由自由短捷，节省电缆费用，缆线敷设和拆除均简单方便，能适应线路增减变化，有较高的灵活性，便于维护管理；但造价较高，会减少房屋的净高，对地板表面材料也有一定要求，如耐冲击性、耐火性、抗静电、稳固性等。

● 地板或墙壁内沟槽方式

这种方式是缆线在建筑中预先建成的墙壁或地板内沟槽中敷设，沟槽的断面尺寸大小根据缆线终期容量来设计，上面设置盖板保护。这种方式造价较活动地板低，便于施工和维护，也有利于扩建，但沟槽设计和施工必须与建筑设计和施工同时进行，在配合协调上较为复杂。沟槽方式因是在建筑中预先制成，因此在使用中会受到限制，缆线路由不能自由选择和变动。

● 预埋管路方式

这种方式是在建筑的墙壁或楼板内预埋管路，其管径和根数根据缆线需要来设计。穿放缆线比较容易，维护、检修和扩建均有利，造价低廉，技术要求不高，是一种最常用的方式。但预埋管路必须在建筑施工中进行，缆线路由受管路限制，不能变动，所以使用中会受到一些限制。

● 机架走线架方式

这种方式是在设备（机架）上沿墙安装走线架（或槽道）的敷设方式，走线架和槽道的尺寸根据缆线需要设计，它不受建筑的设计和施工限制，可以在建成后安装，便于施工和维护，也有利于扩建。机架上安装走线架或槽道时，应结合设备的结构和布置来考虑，在层高较低的建筑中不宜使用。

8.4 设备间走线标准和要求

1．走线标准

设备间内桥架和管道走线通道应符合综合布线标准。

要求横平竖直，走线的支架、吊架偏差不大于 10mm，高低偏差不大于 5mm，当走线架与其他管道共架安装时应安装在一侧（不要吊装在管道下面）。当有交流、直流电源线时应和信号线分架走线，或者使用屏蔽方法隔离线数少的电源线。（方法可以使用金属线槽或者隔离板实现）

布放在桥架上的缆线必须绑扎。线扣间距均匀，松紧适度。拐弯处要绑扎固定。线缆在机柜内布放要不宜过紧，应保留余量，绑扎美观。UTP 网线敷设通道填充率不应超过 40%。

2．走线施工中的桥架

桥架是设备间布线常用的走线方式，可以在地板下或者吊顶下实现。桥架可分为金属槽桥架、托盘式桥架和梯级式桥架。

（1）槽式桥架

槽式桥架如图 8-4-1 所示。

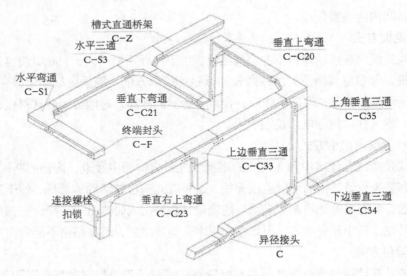

图 8-4-1 槽式桥架

（2）托盘式桥架

托盘式桥架如图 8-4-2 所示。

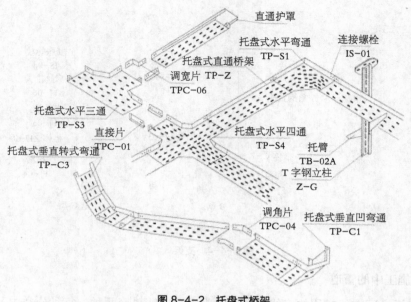

图 8-4-2　托盘式桥架

（3）梯级式桥架

梯级式桥架如图 8-4-3 所示。

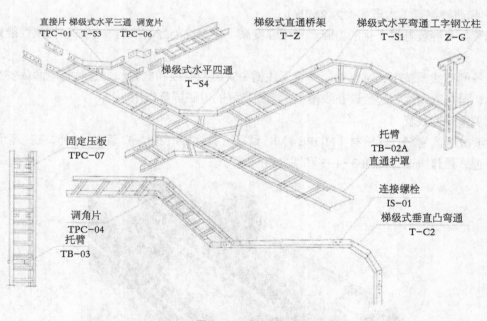

图 8-4-3　梯级式桥架

3. 支架

支架是支撑电缆桥架的主要部件，它由立柱、立柱底座、托臂等组成，可满足不同环境条件（工艺管道架、楼板下、墙壁上、电缆沟内）安装不同形式（悬吊式、直立式、单边、双边和多层等）的桥架，安装时还需连接螺栓和安装螺栓（膨胀螺栓）。支架如图 8-4-4 所示。

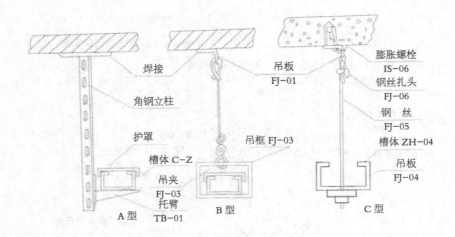

图 8-4-4　支架

4．走线施工中的管道

线管也是设备间布线常用的走线设备，分为钢管、塑料管两种，每种分类中又有多种材质的区分。常见的管道包括以下几种。

（1）钢管

钢管按壁厚不同分为普通钢管（水压实验压力为 2.5MPa）、加厚钢管（水压实验压力为3MPa）和薄壁钢管（水压实验为 2MPa）。

钢管具有屏蔽电磁干扰能力强、机械强度高、密封性能好、抗弯、抗压和抗拉性能好等特点。

设备间布线系统中，常常在同一金属线槽中安装双绞线和电源线，这时将电源线安装在钢管中，再与双绞线一起敷设在线槽中，起到良好的电磁屏蔽作用。

（2）塑料管线管

主要分为高密聚乙烯管材（HDPE 管）、聚氯乙烯管材（PVC-U 管）。此外，硅芯管用于光纤管道，敷管快速，如图 8-4-5 和图 8-4-6 所示。

图 8-4-5　HDPE 管

图 8-4-6 PVC-U 管

5. 走线施工中的线槽

PVC 塑料槽：它是一种带盖板封闭式的管槽材料，盖板和槽体通过卡槽合紧，从型号上讲有 PVC-20 系列、PVC-40 系列、PVC-60 系列等，如图 8-4-7 所示。

图 8-4-7 PVC 线槽

8.5 设备间线缆端接要求

1. 设备间线缆端接标准

设备间有大量的跳线和端接工作，线缆端接时应遵守下列标准。

● 端接 UTP 前必须核对线缆标识是否正确。

● UTP 线缆要符合 T568B 的标准。

● 端接时，保证每对绞线保持绞扭状态，线缆剥除护套长度最大为 40 mm ~ 50mm，尽量减小绞扭长度。

● 端接安装中，尽量避免不必要的转弯，要求少于 3 个 90° 转弯，剥除外皮时，避免伤及双绞线绝缘层。

2. 配线架端接施工

配线架安装时，先将配线架固定到机柜合适位置，在配线架背面安装理线环，从机柜进线处开始整理缆线，缆线沿机柜两侧整理至理线环处，使用绑扎带固定好，一般 6 根作为一组绑扎，缆线穿过理线环摆放至配线架处。

根据每根缆线连接接口位置，测量端接缆线应预留长度。

根据标签色标排列顺序，将对应颜色的线逐一压入槽内，然后使用打线工具固定线对连接，同时将伸出槽外的多余导线截断。

最后，将每组线缆压入槽位内，然后整理并绑扎固定，如图 8-5-1 所示。

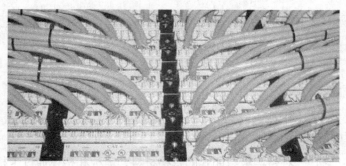

图 8-5-1　每组线缆压入槽位

3．110 配线架施工（25 对大对数）

将 110 配线架固定到机柜合适位置。从机柜进线处开始整理缆线，电缆沿机柜两侧整理至配线架处，并留出大约 25cm 的大对数电缆，用电工刀或剪刀把大对数电缆外皮剥去，使用绑扎带固定好，将电缆穿入 110 配线架一侧的进孔，如图 8-5-2 所示。

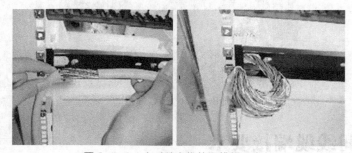

图 8-5-2　大对数电缆从配线架后穿入

25 对缆线进行线序排线，首先进行主色分配，如图 8-5-3 所示。

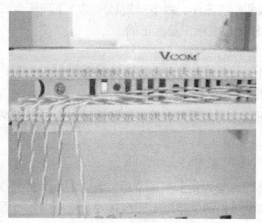

图 8-5-3　首先进行主色分配

再按配色分配，如图 8-5-4 所示。

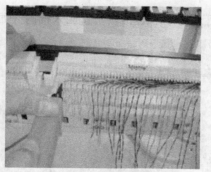

图 8-5-4　再按配色分配

25 对缆线标准分配原则如下。

● 通信电缆色谱排列：

线缆主色为白、红、黑、黄、紫

线缆配色为蓝、橙、绿、棕、灰

● 25 对线分 5 组，每组 5 对分别为

（白蓝、白橙、白绿、白棕、白灰）

（红蓝、红橙、红绿、红棕、红灰）

（黑蓝、黑橙、黑绿、黑棕、黑灰）

（黄蓝、黄橙、黄绿、黄棕、黄灰）

（紫蓝、紫橙、紫绿、紫棕、紫灰）

其中：1~25 对线为第一组，用白蓝相间的色带缠绕；26~50 对线为第二组，用白橙相间的色带缠绕；51~75 对线为第三组，用白绿相间的色带缠绕；76~100 对线为第四组，用白棕相间的色带缠绕。此 100 对线为一大组用白蓝相间的色带把 4 小组缠绕在一起。200 对、300 对、400 对……2400 对，依此类推。

根据线缆色谱排列顺序，将对应颜色的线逐一压入槽内，用 110 打线工具固定线对连接，同时将伸出槽外的多余导线截断。

然后准备 5 对打线工具和 110 连接块，如图 8-5-5 所示。

图 8-5-5　5 对打线工具和 110 连接块

把连接块放入 5 对打线工具中，把连接块垂直压入槽内，如图 8-5-6 所示。

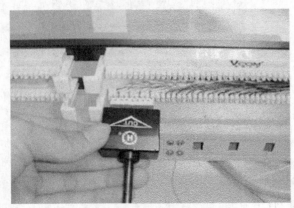

图 8-5-6　连接块垂直压入槽

并贴上编号标签，注意连接端子的组合是：在 25 对的 110 配线架基座上安装时，应选择 5 个 4 对连接块和 1 个 5 对连接块，或者选择 7 个 3 对连接块和 1 个 4 对连接块。

从左到右完成白区、红区、黑区、黄区和紫区的安装。这与 25 对数线缆的安装色序一致。完成后如图 8-5-7 所示。

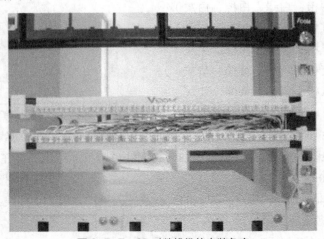

图 8-5-7　25 对数线缆的安装色序

8.6　设备间布线通道安装要求

1．工器具

电工工具、电锤、电钻、卷尺、粉线袋。

流动配电箱、移动电缆盘、经纬仪、水平仪、绝缘摇表、万用表、高凳、梯子、电焊机等。

2．工艺流程

工艺流程安装过程如图 8-6-1 所示。

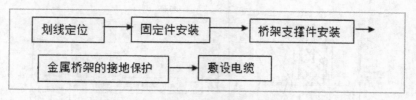

图 8-6-1　工艺流程安装过程

3．划线定位

根据设计图或施工方案，从电缆桥架始端至终端（先干线后支线）找好水平或垂直线（建筑物如有坡度，电缆桥架应随其坡度），确定并标出支撑物的具体位置。

4．固定件安装

采用直径不小于 8mm 的圆钢自制或选用成品，在土建结构施工，施工中按划定的位置预埋，注意固定牢固，用胶布包缠螺纹部分。

金属膨胀螺栓安装过程如下所示。

● 适用于 C15 以上混凝土构件及实心砖墙上，不适用空心砖墙或陶粒混凝土砌块等轻型墙体。

● 钻孔直径的误差不得超过 0.5mm ~ 0.3mm；深度误差不得超过 3mm；钻孔后应将孔内残存的碎屑清除干净。

● 打孔的深度应以将套管全部埋入墙内或顶板内后，表面平齐为宜。

● 用木锤或垫上木块后，用铁锤将膨胀螺栓敲入洞内，螺栓固定后，其头部偏斜值不应大于 2mm。

● 预埋铁的自制加工尺寸不应小于 120mm×60mm×60mm，在土建结构施工中进行预埋，预埋铁平面应紧贴模板，并应固定牢固。

5．桥架支撑件安装

自制支架与吊架所用扁铁规格不应小于 30mm×3mm，扁钢规格不小于 25mm×25mm×3mm，圆钢不小于 ϕ8。自制吊支架必须按设计要求进行防腐处理。

支架与吊架在安装时，应挂线或弹线找直，用水平尺找平，以保证安装后横平竖直。

轻钢龙骨上敷设桥架，应设备自单独卡具吊装或支撑系统，吊杆直径不应小于 8mm，支撑应固定在主龙骨上，不允许固定在辅助龙骨上。

钢结构：可将支架或吊架直接焊在钢结构上，也可用万能吊具进行安装。

6．梯架、托盘、线槽安装

梯架、托盘、线槽用连接板连接，用垫圈、弹垫、螺母紧固，螺母应位于梯架、托盘、线槽外侧。桥架与电气柜、箱、盒接茬时，进线和出线口处应用抱脚连接，并用螺丝紧固，末端加装封堵。

桥架经过建筑物的变形缝（伸缩缝、沉降缝）时，桥架本身应断开，槽内用内连接板搭接，一端不需固定，具体做法如图 8-6-2 所示。

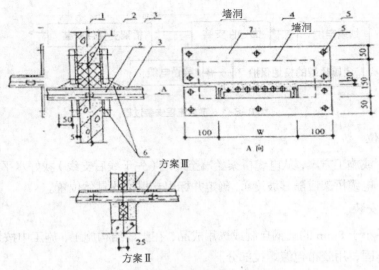

图 8-6-2　桥架经过建筑物方案

材料明细表如表 8-6-1 所示。

表 8-6-1　材料明细表

材料明细表								
编　号	名　称	型号及规格	单　位	数　量			
1	防火堵料			Ⅰ	Ⅱ	Ⅲ	Ⅳ
2	电缆桥架	见工程设计					
3	电缆		根	7	7	7	7
4	防火隔板	钢板 α = 4	块				
5	膨胀螺栓	M60×60	套	20		20	
6	防火堵料						
7	防火隔板	见注	块			4	
8	保护管	见工程设计	根				7

电缆桥架在穿过防火墙及防火楼板时，应采取防火隔离措施，具体做法如图 8-6-3 所示。

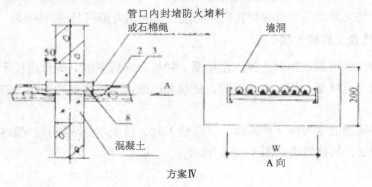

图 8-6-3　防火隔离措施方案

防火隔板采用矿棉半硬板、Ef／85型耐火隔板，如图8-6-4、图8-6-5所示。

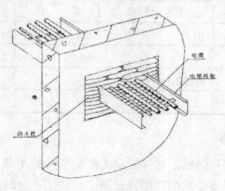

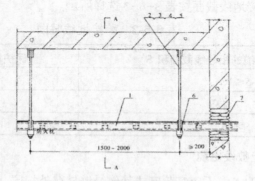

图 8-6-4　防火隔板类型 1

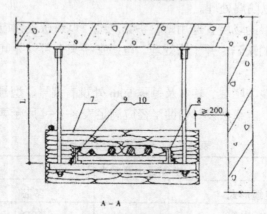

图 8-6-5　防火隔板类型 2

材料明细表如表 8-6-2 所示。

表 8-6-2　材料明细表

编　　号	名　　称	型号及规格	单　　位	数　　量	备　　注
1	吊杆	$\phi 12$	根	4	
2	连接螺母	M10×40	个	4	自制
3	螺母	M10	个	8	

编　　号	名　　称	型号及规格	单　位	数　量	备　注
4	垫圈	10	个	4	
5	U 型槽圈		段	2	
6	防火枕	SDFZ／1			
7	压板				

7．金属桥架的接地保护

桥架全长应为良好的电气通路。镀锌制品的桥架搭接处用螺母、平垫、弹簧垫紧固后，可不做跨接地线，如设计另有要求的，按设计施工。桥架在建筑变形缝处要做路接地线，跨接地线要留有余量，跨接地线截面按表 8-6-3 选择所示。

表 8-6-3　跨接地线截面

桥架内最大电缆的相导线截面积 S	保护地线最小截面积 SP
$S \leqslant 16$	$SP = S$
$16 < S \leqslant 35$	$SP = 16$
$S > 35$	$SP = S/2$

8．室内电缆桥架上敷设电缆

室内电缆桥架敷设的电缆不应有黄麻或其他易燃材料外护层，否则在室内部分的电缆应剥除麻被，并对铠装加以防腐处理。

在有腐蚀或特别潮湿的场所宜选用塑料护套电缆。电缆敷设前应清扫桥架，检查桥架有无毛刺等可能划伤电缆的缺陷，并予以处理。电缆在桥架上可以无间距敷设，应分层敷设且排列整齐，不应交叉。

桥架内电缆应在首端、尾端、转弯及每隔 50m 处设有编号、型号及起止点等标记。标记应清晰齐全，挂装整齐。电缆敷设时弯曲半径应满足表 8-6-4 所示要求。

表 8-6-4　电缆敷设弯曲半径

电缆最小弯曲半径		
电缆形式	多芯	单芯
控制电缆	10D	
橡皮绝缘电力电缆　无铅包、钢铠护套	10D	
橡皮绝缘电力电缆　裸铅包护套	15D	
橡皮绝缘电力电缆　钢铠护套	20D	
聚氯乙烯绝缘电力电缆	10D	
电缆形式	多芯	单芯
交联聚乙烯绝缘电力电缆	15D	20

电缆最小弯曲半径			
电缆形式		多芯	单芯
油浸纸绝缘电力电缆	铅包	30D	
	铅包　有铠装	15D	20
	无铠装	20D	
自容式充油（铅包）电缆		20D	

表中 D 为电缆外径。在建筑物中有变形缝处敷设的电缆应留有余量。

9. 成品保护

室内沿桥架或托盘敷设电缆，宜在管道及空调工程基本施工完毕后进行，防止其他专业施工时损伤电缆。电缆两端头处的门窗装好，并加锁，防止电缆丢失或损毁。

10. 安全注意事项

电缆桥架安装时，其下方不应有人停留。进入现场应戴好安全帽。

使用人字梯必须坚固，距梯脚 40cm～60cm 处要设拉绳，防止劈开。使用单梯上端要绑牢，下端应有人扶持。使用电气设备、电动工具要有可靠的保护接地（接零）措施。打眼时，要戴好防护眼镜，工作地点下方不得站人。

11. 质量通病及其防治

电缆排列沿桥架敷设电缆时，应防止电缆排列混乱，不整齐，交叉严重。在电缆敷设前需将电缆事先排列好，划出排列图表，按图表进行施工。电缆敷设时，应敷设一根整理一根、卡固一根。

电缆弯曲半径不符合要求。在电缆桥架施工时，应事先考虑好电缆路径，满足桥架上敷设的最大截面电缆的弯曲半径的要求，并考虑好电缆的排列位置。下面是完成后的效果，如图 8-6-6、图 8-6-7 所示。

图 8-6-6　地板下线槽走线

图 8-6-7　机柜上方托盘式桥架走线

8.7　设备间内部安装要求

1. 设备间装饰装修工程安装

设备间是一个安装各种设备的专用房间，且对内部环境等技术要求较高，其内部布置和工艺要求等应与机房相同。目前，国家标准《综合布线系统工程设计规范》(GB 50311—2007)中对设备间的内部布置和工艺要求规定较少，且是原则性的条文。所以不能比较全面而具体执行。

设备间是一间安装通信、计算机等系统的各种设备专用房间，所装设备对环境等技术要求较高，因此，其内部布置和装修标准基本与上述主机设置的机房相同，具体内容可参见通信行业标准《电信专用房屋设计规范》(YD/T 5003—2005)。

主要有以下几点要求。

● 设备间内应有良好的气温和通风条件，以保证通信设备和维护人员正常工作。要求室内温度应保持在 10℃ ~ 35℃，相对湿度应保持在 20% ~ 80%，气流小于 0.25m/s，并可对上述指标实现自动调节和控制。空调设备的选用应满足通信机房的技术要求。

● 设备间内禁止与设备间无关的管线穿越或敷设，尤其是燃煤气管、给水管和排水管等管道，以免对通信设备造成危害。

● 设备间应按国家有关的防火标准规定，安装相应的防火自动报警等消防系统，配置必要的防火设施。设备间的门户应向外开启，并使用防火防盗门。房间内的室内装修用的所有装饰材料（包括吊顶材料、护墙材料）不允许采用易燃材料，应按《建筑设计防火规范》中的规定，采用难燃或非燃材料。从地面到顶棚均应涂刷阻燃漆或防火涂料，缆线穿放的管材和洞孔以及空隙都应采用防火堵料堵严密封。

● 设备间的净高应由通信（信息）设备的高度、电缆槽道（或桥架）、活动地板、施工维护所需的高度以及通风要求等确定，通常顶棚距地面高度，不应小于 2.7m；门的高度应大于 2.1m；门的宽度应大于 0.9m，以便出入。

● 设备间的楼板荷载，应根据通信（信息）设备的重量、安装底面尺寸、安装排列方式以及建筑结构梁板布置等条件，按内力等值的原则计算确定。如按计算机房楼板荷载计算，可按 5.0~7.5kN/m² 设计。

- 工程建设规模较大、通信（信息）设备数量较多的设备间，可采用结合空调下送风、架间敷设缆线（或敷设地面线槽）、铺设架空活动地板的方式，为地下配线提供物质基础。
- 设备间内的楼板、地面、墙面、顶棚面的面层材料，应按室内通信设备的需要，采用光洁、耐磨、耐久、气密性好，不起尘，易擦洗，并在温、湿度变化作用下变形小的材料。要求顶棚表面平整，减少积灰面，避免炫光，并选用不起尘的吸声材料。
- 设备间内应防止有害气体，如二氧化硫（SO_2）、硫化氢（H_2S）、氨（NH_3）、二氧化氮（NO_2）和氯（Cl_2）等侵入。并应有良好的防尘措施，允许尘埃含量的限值见表 8-7-1 中的规定。

表 8-7-1　允许尘埃含量限值

灰尘颗粒最大直径（μm）	0.5	1.0	3.0	5.0
灰尘颗粒的最大浓度（粒子数/m³）	1.4×10^7	7×10^5	2.4×10^5	1.3×10^5

同时要求灰尘粒子应是不导电的、非铁磁性和非腐蚀性的。

设备间内如装有不同主机设备，其安装工艺要求应按其标准。两者工艺要求如有不同，应以较高的工艺要求为准。上述工艺要求除应满足通信设备机房工艺要求外，还应在装设通信设备之前进行和完成，以减少干扰。

- 设备间的照明、供配电要求应满足以下几点。

室内照明灯具布置合理，应结合设备位置设置，应以间接照明为主、直接照明为辅，控制要求灵活、操作方便。水平面照度最低标准为 200 流明。灯具宜选用无炫光灯具。

设备间供配电要求应考虑通信、计算机网络系统有扩展、升级等可能性，并应预留备用容量。设备间内其他电力负荷不得由通信、计算机网络主机电源和不间断电源系统供电。设备间内宜设置专用动力配电箱。

设备间内低压配电系统应采用频率 50Hz、电压 220/380VTN-S 或 TV-C-S 系统 3002 在设备间内应配置数量足够（不少于两个）、位置适宜的 220V 带保护接地的单相交流电源插座，以满足日常维修的需要，但不作为设备供电电源。

用于计算机的电源插座应分别设置维修和测试用两种，并需有明显区别标志。测试用电源插座应由计算机主机电源系统供电，维修用电源插座由普通电源供电。

- 设备间的静电防护要求。

设备间不用架空活动地板时，可铺设导静电地面，导静电地面可采用导电胶与建筑地面粘牢，导静电地面体积电阻率均为 $1.0 \times 10^7 \Omega/cm \sim 1.0 \times 10^{10} \Omega/cm$，其导电性能要求应长期稳定，且不易发尘。

设备间内采用的活动地板可由钢、铝或其他阻燃性材料制成。活动地板表面应是导静电的，严禁暴露金属部分。单元活动地板的系统电阻应符合现行国家标准《计算机房用活动地板技术条件》的规定。活动地板建成后，要求板缝紧密、表面平整、牢固稳定、光洁干净和防尘防潮。

静电接地可以经限流电阻及自己连接线与接地装置相连，限流电阻阻值宜为 $1M\Omega$。设备间内架空活动地板下布低压配线电路，宜采用铜芯屏蔽导线或铜芯屏蔽电缆。活动地板下布电源线应尽量远离通信、计算机网络系统信号线，并避免并排敷设。当不能避免时，应采取相应的屏蔽措施。

2. 设备间内部安装

在设备间装饰装修工程，安装完工后要求进行如下的内部安装。

根据设备间布局，首先进行机房空调的送回风静压箱的安装，风道安装根据设计要求可以考虑下送上回，上送侧回（下回）方式。

下送上回方式安装形式如图 8-7-1 所示。

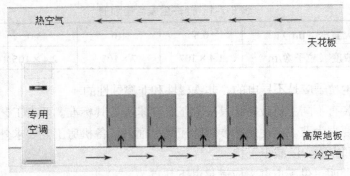

图 8-7-1　下送上回方式安装

上送侧回方式安装形式如图 8-7-2 所示。

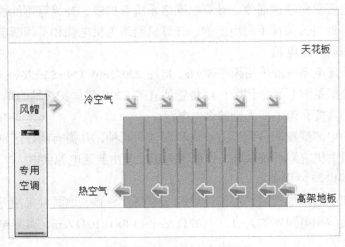

图 8-7-2　下送上回方式安装

8.8　设备间机柜安装要求

1. 前期设计

安装网络设备前，根据网络的拓扑结构、现有的设备情况、用户数量、用户分组等多种因素勾画出机柜内部的线路走线图和设备具体位置图。注意保持设备间距离，以便于散热。

接下来准备好所需材料：网络跳线、标签纸、各种型号的塑料扎带（勒死狗）。

2．产品拆封前

开箱前请检查纸箱包装是否完好，注意包装外部是否存在硬伤，如箱子完好再开箱检查物品数量，如有疑问先不要打开包装，请先联系商家，并拍照为凭。

3．产品拆封后

拆开商品后，注意查看产品是否存在外伤，然后对照装箱单，核对产品型号、附件等是否齐全，如有疑问请先联系商家，并拍照为凭。

4．了解安装工具

图 8-8-1 所示为安装过程中可能会使用到的工具。

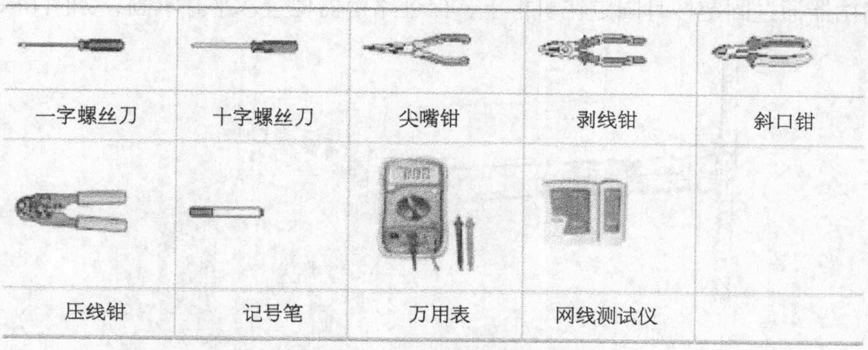

一字螺丝刀	十字螺丝刀	尖嘴钳	剥线钳	斜口钳
压线钳	记号笔	万用表	网线测试仪	

图 8-8-1　安装过程使用的工具

其他在安装过程中使用到工具如图 8-8-2 所示。

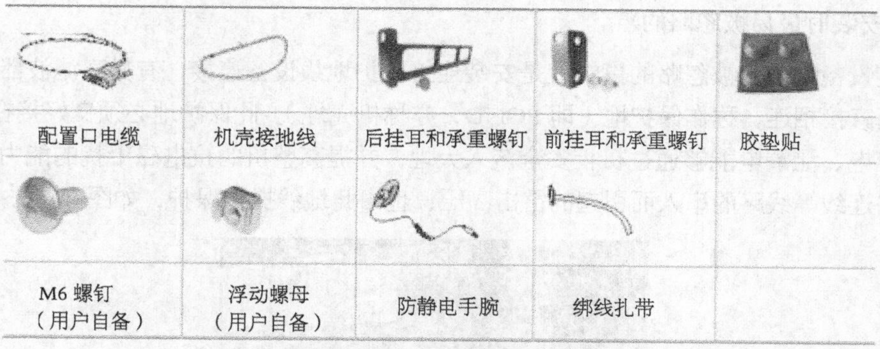

配置口电缆	机壳接地线	后挂耳和承重螺钉	前挂耳和承重螺钉	胶垫贴
M6 螺钉（用户自备）	浮动螺母（用户自备）	防静电手腕	绑线扎带	

图 8-8-2　其他安装工具

5．安装过程

检查机柜的接地与稳定性。用螺钉将固定挂耳固定在路由器前面板或后面板两侧。

将路由器放置在机柜的一个托盘上，如图 8-8-3 所示。在没有托盘的机柜上，对于路由器，请使用专用的后挂耳。根据实际情况，沿机柜导槽移动路由器至合适位置，注意保证路由器与导轨间的合适距离。

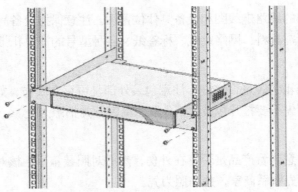

图 8-8-3　网络设备机柜安装示意图

用满足机柜安装尺寸要求的盘头螺钉（螺钉型号最大不得超过国标 M6，表面经过防锈处理），将路由器通过固定挂耳固定在机柜上，保证路由器位置水平并牢固，如图 8-8-4 所示。

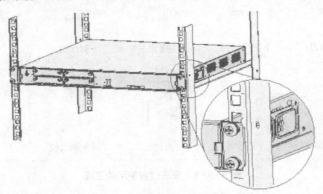

图 8-8-4　路由器后挂耳安装示意图

6．安装时最易被忽略的事

安装设备时最易被忽略的事情就是安装连接保护地线设备连接，有噪声滤波器，其中心地与机箱直接相连，称作保护地（即 PGND，亦称机壳地）。此保护地必须良好接在机柜上，以使感应电、泄漏电能够通过机柜安全流入大地，并提高整机的抗电磁干扰的能力。对于由外部网络连线等线路的串入而引起的雷击高压，也由此地线提供保护，如图 8-8-5 所示。

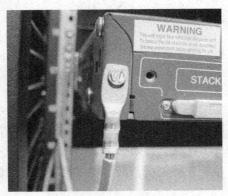

图 8-8-5　地线保护措施

网络设备防雷很重要，特别是数据中心，平时注意检查防雷设备工作状态是否正常。

7．安装 PDU 插座

PDU 的安装方式分为横向安装和竖向安装，如图 8-8-6、图 8-8-7 所示。

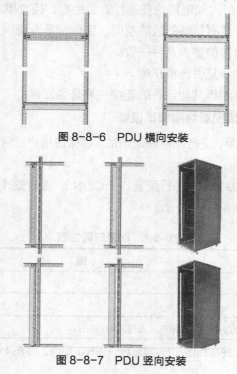

图 8-8-6　PDU 横向安装

图 8-8-7　PDU 竖向安装

（1）安装调试

机柜前的配电插座的功率要和列头柜分配支路的电路功率及 PDU 的功率匹配，否则会降低使用功率指标。横装 PDU 要预留 PDU 的安装 U 位，竖装 PDU 在安装机柜时，要将机柜侧面横挡板的位置与 PDU 的安装尺寸取齐。双圆形的欧标插头不可以直接插入万用孔，这样接地会悬空，非常危险。正确的方法是更换插头或使用嵌入式欧标插孔，再不行用欧标转换国标的专用转换线。

（2）PDU 使用期注意

注意温升指标，即设备插头与 PDU 插孔的温度变化。如有远程监控的 PDU，可以关注 PDU 的电流变化来判断设备工作是否正常。充分利用 PDU 的理线装置，来分解设备插头对插孔的向外挣脱力。

8．设备之间互连

（1）光纤跳线的交叉连接

所有交换机的光纤端口都是 2 个，即一发一收。当然，光纤跳线也必须是 2 根，否则端口之间将无法进行通信。当交换机通过光纤端口级联时，必须将光纤跳线两端的收发对调，当一端接"收"时，另一端接"发"。同理，当一端接"发"时，另一端接"收"。通常 GBIC 光纤模块都标记有收发标志，左侧向内的箭头表示"收"，右侧向外的箭头表示"发"；如果光纤跳线的两端均连接"收"或"发"，则该端口的 LED 指示灯不亮，表示该连接为失败。

只有当光纤端口连接成功后，LED 指示灯才转变为绿色。

（2）安装后的检查

在路由器安装过程中，每次加电前均要进行安装检查，检查事项如下。

● 检查路由器周围是否留有足够的散热空间，工作台是否稳固。

● 检查所接电源与路由器的要求是否一致。

● 检查路由器的保护地线是否连接正确。

● 检查路由器与配置终端等其他设备的连接关系是否正确。

9．设备连接测试，连接配置终端调试设备

当确认无误后，接通电源，进行网络联通测试，以保证用户正常的工作——这是最重要的。

（1）配置口介绍

路由器提供了一个 RS232 异步串行配置口（CON），通过这个接口用户可完成对路由器的配置。配置口的属性如表 8-8-1 所示。

表 8-8-1　配置口属性表

属　　性	描　　述
连接器类型	RJ45
接口标准	RS232
波特率	9600bit/s~115200bit/s，却省 9600bit/s
支持服务	与字符终端相连，与本地 PC 的串口相连，并在 PC 上运行终端仿真程序命令行接口

（2）配置口电缆

配置口电缆是一根 8 芯屏蔽电缆，一端是 RJ45 插头，插入路由器的 CON 口；另一端则带有一个 DB9（母）连接器插入配置终端的串口。配置口电缆如图 8-8-8 所示。

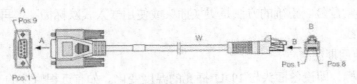

图 8-8-8　配置口电缆

（3）连接配置口电缆

通过终端配置网络设备时，配置口电缆的连接步骤如下。

选定配置终端：配置终端可以是标准的具有 RS232 串口的配置终端，也可以是一台普通的 PC 机或笔记本。

连接电缆：关闭设备、配置终端的电源，通过配置电缆将配置终端的 RS232 串口与设备的配置口相连。经安装检查后加电，正常情况下将在配置终端上显示路由器启动信息。进行配置即可，这里不再赘述。

10．调试完毕后确认没有问题，机柜整理

（1）整理线路

将网线分组，组数通常小于或等于机柜后面理线架的个数。将所有设备的电源线捆扎在一起，将插头从后面的通线孔插入后，通过一个单独的理线架寻找各自的设备。

（2）网线贴标

所有网线连接好以后，需要对各网线进行标识，将准备好的即时贴缠绕到网线上，并用笔在其上加以标注(一般注明房间号或作什么用途)，要求标识要简单易懂。

对交叉网线可以通过使用不同颜色的即时贴，与一般网线加以区分。如果设备太多，则要对设备进行分类编号，并对设备贴标。

（3）文档更新

对本次机柜整理的内容进行文档更新。重新画设备布置图和网线连接图。在图上要注明设备的编号和网线的标识，以备检修查阅。

最好能够将用户名也作为一项加入到图示当中。最后注明日期和理线人。

11．机柜的理线工艺

机柜整理中重要的一环就是机柜理线，常见的理线工艺有 3 种。

（1）瀑布造型

这是一种比较古老的布线造型，有时还能看到其踪影。它采用了"花果山水帘洞"的艺术形象，从配线架的模块上直接将双绞线垂荡下来，分布整齐时有一种很漂亮的层次感(每层24 ~ 48 根双绞线)。

这种造型的优点是节省理线人工，缺点则比较多，例如：安装网络设备时容易破坏造型，甚至出现不易将网络设备安装到位的现象；每根双绞线的重量全部变成拉力，作用在模块的后侧。如果在端接点之前没有对双绞线进行绑扎，那么这一拉力有可能会在数月、数年后将模块与双绞线分离，引起断线故障；万一在该配线架中某一个模块需要重新端接，那维护人员只能探入"水帘"内进行施工，有时会身披数十根双绞线，而且因双向没有光源，造成端接时看不清。

（2）逆向理线

逆向理线是在配线架的模块端接完毕，并通过测试后，再进行机柜理线。其方法是从模块开始向机柜外理线，同时桥架内也进行理线。这样做的优点是理线在测试后，不会因某根双绞线测试通不过而造成重新理线，而缺点是由于两端（进线口和配线架）已经固定，在机房内的某一处必然会出现大量的乱线（一般在机柜的底部）。

逆向理线一般为人工理线，凭借肉眼和双手完成理线。逆向理线的优点是测试已经完成，不必担心机柜后侧的线缆长度。而缺点是因为线缆的两端已经固定，线缆之间会产生大量的交叉，要想理整齐十分费力，而且在两个固定端之间，必然有一处的双绞线是散乱的，这一处往往在地板下（下进线时）或天花上（上进线时）。

（3）正向理线

正向理线是在配线架端接前进行理线。它从机房的进线口开始，将线缆逐段整理，直到配线架的模块处为止。在理线后再进行端接和测试。

正向理线所要达到的目标是：自机房（或机房网络区）的进线口，至配线机柜的水平双绞线，以每个 16/24/32/48 口配线架为单位，形成一束束的水平双绞线线束。每束线内所有的双绞线全部平行（在短距离内的双绞线平行所产生的线间串扰不会影响总体性能，因为桥架和电线管中铺设着每根双绞线的大部分，这部分是散放的，是不平行的），各线束之间全部平行。在机柜内，每束双绞线顺势弯曲后，铺设到各配线架的后侧，整个过程仍然保持线束内双绞线全程平行。在每个模块后侧，从线束底部，将该模块所对应的双绞线抽出，核对无误后，固定在模块后的托线架上，或穿入配线架的模块孔内。

正向理线的优点是：可以保证机房内线缆在每点都整齐，且不会出现线缆交叉，十分美观。而缺点是：如果线缆本身在穿线时已经损坏，则测试通不过，会造成重新理线。因此，正向理线的前提是施工人员对线缆和穿线的质量有足够的把握，只有在基本上不会重新端接的基础上才能进行正向理线施工。

12．清理机柜以及室内卫生

每天离场时清理施工现场，施工结束后彻底清理现场，包括设备、机柜擦干净，保证地面没有灰尘，机柜里面没有线头，保证机房整体清洁。

 四、任务实施

8.9　设备间子系统项目实训

1．实训目的

设备间一般安装在建筑物的第一、二层，避免设计在顶层。图 8-9-1 所示是某数据中心机房场景。

图 8-9-1　某数据中心机房场景

从图 8-9-1 中可以看出，设备间中最重要的是机柜中的设备。其他的设计综合布线的内容，在以前的章节中都有详细的叙述，设备间实训的内容是通过对立式机柜的安装，来了解机柜的布局原则和安装方法。掌握机柜门板的拆卸。

2．实训要求

准备工具，列出实训工具清单。

领取实训工具和材料。

完成立式机柜的定位、门板的拆卸和重新安装。

3．实训材料

立式机柜 1 个。

十字头改锥，每人一把。

5M 卷尺，每组一把。

交换机两个。

路由器或者是服务器一个。

理线架 4 个，RJ45 配线架 1 个（24 口）。

RJ45 跳线若干（可以让学生当场制作）。

绑扎带、标签纸若干。

4．实训步骤

（1）根据实训布局图和材料清单分析实训内容，如图 8-9-2 所示。

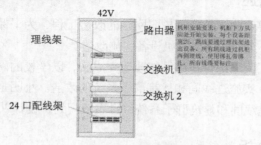

图 8-9-2　实训内容分析

（2）准备实训工具、列出工具清单。

（3）确定机柜在设备间位置。

（4）准备好要安装的设备。

（5）领取设备和相关材料。

（6）按照布局图安装设备。

（7）安装下面要求的连接跳线。

路由器到交换机 1 使用 1 根跳线，连接到交换机的 24 端口。交换机 1 的 23 口连接交换机 2 的 24 口，配线架的 1~2 口连接交换机 2 的 1~2 口，配线架的 23~24 口连接交换机 1 的 1~2 口，配线架进线为模拟楼宇 1~2 层和 6~7 层进线，对应口为 1、2、23、24。

交换机 2 为 1~2 层汇聚交换，交换机 1 为 6~7 层汇聚，路由器为楼宇的外网连接设备，根据以上信息编制各个跳线和设备对应位置标签。

（8）学习拆卸机柜门板。

（9）整理跳线。

5．实训报告

画出立式机柜安装位置布局图。

分步叙述安装步骤和安装过程的新的体会。

总结操作技巧。

单元 9
掌握进线间和建筑群子系统技术

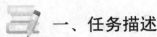**一、任务描述**

浙江科技工程学校需要实施学校二期校园网络的改造工程,为了保障未来网络的整体运行稳定,首先针对网络中心工作区的交换机设备实施改造。

在网络中心的所在楼层网络综合布线系统改造完成后,以学校的网络中心所在的楼层为依托,往相临的大楼延伸,实施进线间和建筑群子系统的改造。小明是网络中心新入职的网络管理员,因此需要学习进线间和建筑群子系统综合布线规划、设计以及安装实施过程。

二、任务分析

建筑群子系统也称楼宇管理子系统。浙江科技工程学校校园网络分散在几幢相邻建筑物或不相邻建筑物内,但彼此之间的语音、数据、图像和监控等系统可用传输介质和各种支持设备连接在一起。连接各建筑物之间的缆线组成建筑群子系统,它提供不止一个建筑物间的通信连接,包括连接介质、连接器、电子传输设备及相关电气保护设备。其中,进线间是建筑物外部通信和信息管线的入口部位,也可作为入口设施和建筑群配线设备的安装场地。一个建筑物宜设置 1 个进线间,一般位于地下层。

三、知识准备

9.1 认识进线间子系统

1. 进线间子系统概述

进线间子系统(Receive the Space Subsystem)是建筑物外部通信和信息管线的入口部位,并可作为入口设施和建筑群配线设备的安装场地。

进线间是 GB 50311 国家标准在系统设计内容中专门增加的,要求在建筑物前期系统设计中要有进线间,满足多家运营商业务需要,避免一家运营商自建进线间后独占该建筑物的宽带接入业务。进线间一般通过地埋管线进入建筑物内部,宜在土建阶段实施,如图 9-1-1 所示。

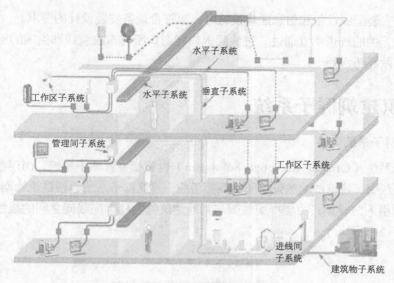

水平子系统

工作区子系统

水平子系统 垂直子系统

管理间子系统

工作区子系统

进线间
子系统

建筑物子系统

图 9-1-1 进线间子系统场景

　　每个建筑物宜设置一个进线间，且一般位于地下层，外线宜从两个不同的路由引入进线间，有利于与外部管道沟通。进线间因涉及因素较多，难以统一提出具体所需面积，可根据建筑物实际情况并参照通信行业和国家的现行标准要求进行设计。

　　进线间应设置管道入口。进线间应满足缆线的敷设路由、成端位置及数量、光缆的盘长空间和缆线的弯曲半径、充气维护设备、配线设备安装所需要的场地空间和面积等。进线间的大小应按进线间的进局管道最终容量，及入口设施的最终容量设计。同时，应考虑满足多家电信业务经营者安装入口设施等设备的面积。

　　进线间宜靠近外墙和在地下设置，以便于缆线引入。

2. 进线间子系统设计特点

　　一般一个建筑物宜设置 1 个进线间，提供给多家电信运营商和业务提供商使用，通常设于地下一层。进线间因涉及因素较多，难以统一提出具体所需面积，可根据建筑物实际情况，并参照通信行业和国家的现行标准要求进行设计。

　　建筑群主干电缆和光缆、公用网和专用电缆、线缆及天线馈线等室外缆线进入建筑物时，应在进线间转换成室内电缆、光缆，并在缆线的终端处可由多家电信业务经营者设置入口设施，入口设施中的配线设备应按引入的电、光缆容量配置。

　　进线间应设置管道入口。在进线间缆线入口处的管孔数量应留有充分的余量，以满足建筑物之间、建筑物弱电系统、外部接入业务及多家电信业务经营者和其他业务服务商缆线接入的需求，建议留有 2~4 孔的余量。

3. 进线间子系统注意事项

　　进线间应防止渗水，宜设有抽排水装置。

　　进线间应与布线系统垂直竖井沟通。

　　进线间应采用相应防火级别的防火门，门向外开，宽度不小于 1000mm。

　　进线间应设置防有害气体措施和通风装置，排风量按每小时不小于 5 次容积计算。

进线间如安装配线设备和信息通信设施时，应符合设备安装设计的要求。

与进线间无关的管道不宜通过，进线间入口管道口所有布放缆线和空闲的管孔应采取防火材料封堵，做好防水处理。

9.2 认识建筑群子系统

1．建筑群子系统概述

建筑群子系统（Campus Backbone Subsystem）也称楼宇管理子系统，由连接各建筑物之间的综合布线线缆、建筑群配线设备和跳线等组成。建筑群子系统包括建筑物间的主干布线，及建筑物中的引入口设施，由楼群配线架与其他建筑物的楼宇配线架之间的缆线及配套设施组成，如图 9-2-1 所示。

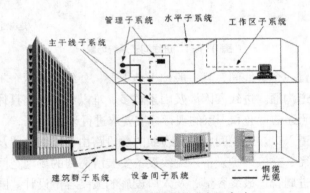

图 9-2-1　建筑群子系统示意图（1）

一个企业或某政府机关可能分散在几幢相邻建筑物，或不相邻建筑物内办公，则它们彼此之间的语音、数据、图像和监控等系统，需要由建筑群子系统连接起来。对于只有一栋建筑物的布线环境，则不存在建筑群子系统设计。

建筑群子系统是将一个建筑物中电缆延伸到建筑群的另外一些建筑物中的通信设备和装置，如图 9-2-2 所示。它提供了楼群之间通信所需的硬件，包括导线电缆、光缆以及防止电缆上的脉冲电压进入建筑物的电气保护设备。建筑群子系统常用大对数电缆和光缆作为传输线缆，线缆敷设方式要根据工程造价及建筑群具体环境而定。

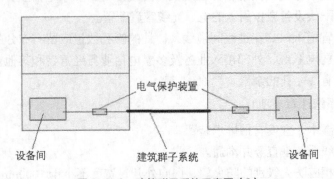

图 9-2-2　建筑群子系统示意图（2）

2．建筑群子系统的线缆布设方式

（1）架空布线法

建筑群子系统中的架空布线法如图9-2-3、图9-2-4所示。

图9-2-3　架空布线法示意图（1）

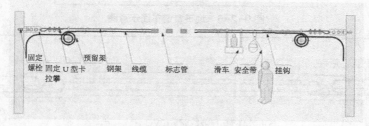

固定　　　　预留架
螺栓　固定　U型卡　钢架　线缆　标志管　滑车　安全带　挂钩
　　　拉攀

图9-2-4　架空布线法示意图（2）

（2）直埋布线法

直埋布线法根据选定的布线路由在地面上挖沟，然后将线缆直接埋在沟内。

直埋布线的电缆除了穿过基础墙的那部分电缆有管保护外，电缆的其余部分直埋于地下，没有保护，如图9-2-5所示。

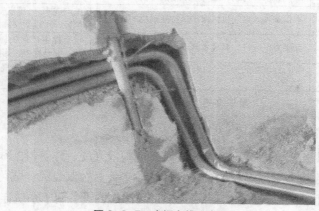

图9-2-5　直埋布线示意图

（3）隧道内布线法

在建筑物之间通常有地下通道，利用这些通道来敷设电缆不仅成本低，而且可以利用原有的安全设施。如考虑到暖气泄漏等条件，安装时应与供气、供水、供段的管道保持一定的距离，安装在尽可能高的地方，可根据民用建筑设施有关条件进行施工。

（4）地下管道布线法

地下管道布线是一种由管道和入孔组成的地下系统，它把建筑群各个建筑物进行互连，如图 9-2-6、图 9-2-7 所示。

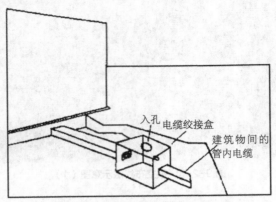

图 9-2-6　地下管道布线示意图

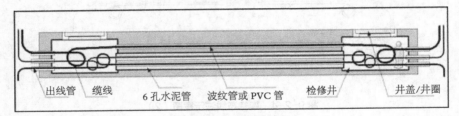

图 9-2-7　地埋材料图

4 种建筑群布线方法比较结果，如图 9-2-8 所示。

方　法	优　点	缺　点
地下管道布线法	提供最佳机械保护，任何时候都可敷设，扩充和加固都很容易，保持建筑物的外貌	挖沟、开管道和入孔的成本很高
直埋布线法	提供某种程度的机械保护保持建筑物的外貌	挖沟成本高，难以安排电缆的敷设位置，难以更换和加固
架空布线法	如果有电线杆，则成本最低	没有提供任何机械保护，灵活性差，安全性差，影响建筑物美观
隧道内布线法	保持建筑物的外貌，如果有隧道，则成本最低、安全	热量或泄漏的热气可能损坏缆线，可能被水淹

图 9-2-8　4 种建筑群布线方法比较

3．建筑群子系统设计规范

建筑群子系统由连接多个建筑物之间的主干电缆或光缆、建筑群配线设备以及设备缆线和跳线组成。通信线缆多采用多模或单模光纤，或者大对数双绞线；既可以采取在地下管道敷设方式，也可采用悬挂方式。线缆两端分别是两栋建筑设备间子系统连接设备。

在建筑群环境中，除了需要在某个建筑物内建立一个主设备室外，还应在其他建筑物内都配一个中间设备室。

建筑群数据网主干线缆，一般应选用多模或单模室外光缆，芯数不小于 12 芯，宜用松套型、中央束管式。建筑群数据网主干线缆应当使用光缆与电信公网连接时，应采用单模光缆，芯数应根据综合通信业务的需要确定。

建筑群数据网主干线缆如果选用双绞线时，一般应选择高质量大对数双绞线。当从建筑群子系统使用双绞线电缆时，总长度不应超过 1500m。对于建筑群语音网主干线缆，一般可选用 3 类大对数电缆。

CD（建筑群配线设备）宜安装在进线间或设备间，并可与入口设施或 BD（建筑物配线设备）合用场地。CD 配线设备内、外侧的容量应与建筑物内，连接 BD 配线设备的建筑群主干缆线容量及建筑物外部引入的建筑群主干缆线容量相一致。

9.3 进线间子系统的设计原则

1．地下设置原则

进线间一般应该设置在地下或者靠近外墙，以便于缆引入，且与布线垂直竖井连通。

2．空间合理原则

进线间应满足缆线的敷设路由、端接位置及数量、光缆的盘长空间和缆线的弯曲半径、充气维护设备、配线设备安装所需要的场地空间和面积，大小应按进线间的进出管道容量，及入口设施的最终容量设计。

3．满足多家运营商需求原则

应考虑满足多家电信业务经营者安装入口设施等设备的面积。

4．共用原则

在设计和安装时，进线间应该考虑通信、消防、安防、楼控等其他设备以及设备安装空间。如安装配线设备和信息通信设施时，应符合设备安装设计的要求。

5．安全原则

进线间应设置防有害气体措施和通风装置，排风量按每小时不小于 5 次容积计算，入口门应采用相应防火级别防火门，门向外开，宽度不小于 1000mm，同时与进线间无关的水暖管道不宜通过。

9.4 建筑群子系统的设计原则

1．地下埋管原则

建筑群子系统室外缆线一般通过建筑物进线间进入大楼内部设备间，室外距离比较长，设计时，一般选用地埋管道穿线或者电缆沟敷设方式；也有在特殊场合使用直埋方式，或者架空方式。

2．远离高温管道原则

建筑群的光缆或者电缆经常在室外部分或者进线间需要与热力管道交叉或者并行，遇到这种情况时，必须保持较远的距离，避免高温损坏缆线或者缩短缆线的寿命。

3．远离强电原则

园区室外地下埋设有许多 380V 或者 10000V 的交流强电电缆，这些强电电缆的电磁辐射非常大，网络系统的缆线必须远离这些强电电缆，避免对网络系统的电磁干扰。

4．预留原则

建筑群子系统的室外管道和缆线必须预留备份，方便未来升级和维护。

5．管道抗压原则

建筑群子系统的地理管道穿越园区道路时，必须使用钢管或者抗压 PVC 管。

6．大拐弯原则

建筑群子系统一般使用光缆，要求拐弯半径大，实际施工时，一般在拐弯处设立接线井，方便拉线和后期维护。如果不设立接线井拐弯时，必须保证较大的曲率半径。

9.5 建筑群子系统的设计步骤和方法

1．需求分析

用户需求分析是方案设计的重要环节，设计人员要通过多次反复地与用户沟通，详细掌握用户的具体需求情况。在建筑群子系统设计时，进行需求分析的内容应包括工程的总体概况、工程各类信息点统计数据、各建筑物信息点分布情况、各建筑物平面设计图、现有系统状况、设备间位置等。

（1）确定敷设现场的特点。包括确定整个工地的大小、工地的地界、建筑物的数量等。

（2）确定电缆系统一般参数。包括确认起点、端接点位置、所涉及建筑物及每座建筑物层数、每个端接点所需双绞线对数、有多个端接点的每座建筑物所需双绞线总对数等。

（3）确定建筑物的电缆入口。

（4）确定明显障碍物的位置。

（5）确定主电缆路由和备用电缆路由。

（6）选择所需电缆的类型和规格。

（7）确定每种选择方案所需的劳务成本。

（8）确定每种选择方案的材料成本。

（9）选择最经济、最实用的设计方案。

2．技术交流

由于建筑群子系统往往覆盖整个建筑物群的平面，布线路径也经常与室外的强电线路、给（排）水管道、道路和绿化等项目线路有多次的交叉或者并行实施，因此不仅要与技术负责人交流，也要与项目或者行政负责人进行交流。

在交流中，重点了解每条路径上的电路、水路、气路的安装位置等详细信息。在交流过程中，必须进行详细的书面记录，每次交流结束后要及时整理书面记录。

3．阅读建筑物图纸

建筑物主干布线子系统的缆线较多，且路由集中，是综合布线系统的重要骨干线路，索取和认真阅读建筑物设计图纸，是不能省略的程序。通过阅读建筑物图纸掌握建筑物的土建结构、强电路径、弱电路径，重点掌握在综合布线路径上的强电管道、给（排）水管道、其他暗埋管线等。

在阅读图纸时，进行记录或者标记，正确处理建筑群子系统布线与电路、水路、气路和电器设备的直接交叉或者路径冲突问题。

9.6 建筑群子系统的安装要求

1. 建筑群子系统的安装要求

建筑群子系统主要采用光缆进行敷设，因此，建筑群子系统的安装技术主要指光缆安装技术。

安装光缆需格外谨慎，连接每条光缆时都要熔接。光纤不能拉得太紧，也不能形成直角。较长距离的光缆敷设最重要的是选择一条合适的路径。

2. 光纤熔接机

在学习光纤熔接技术之前，首先要了解光纤。光纤熔接机熔接工具如图 9-6-1、图 9-6-2 所示。

图 9-6-1 光纤熔接机

图 9-6-2 光纤熔接机

3．光纤熔接技术

（1）熔接前的准备工作

首先，准备相关工具、材料：光纤熔接机、工具箱、光缆、光纤跳线、光纤熔接保护套、光纤切割刀、无水酒精等。再接下来，检查熔接机，如图 9-6-3 所示。

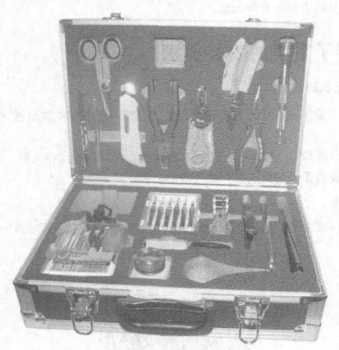

图 9-6-3　光纤熔接工具箱

（2）开缆

光缆有室内和室外之分，室内光缆借助工具很容易开缆。由于室外光缆内部有钢丝拉线，故对开缆增加了一定的难度，这里介绍室外开缆方法和步骤如下。

在光缆开口处，找到光缆内部的两根钢丝，用斜口钳剥开光缆外皮，用力向侧面拉出一小截钢丝，如图 9-6-4 所示。

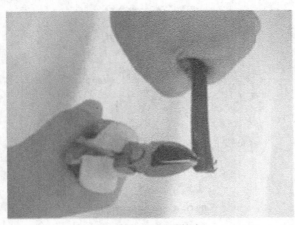

图 9-6-4　拨开外皮

一只手握紧光缆，另一只手用斜口钳夹紧钢丝，向身体内侧旋转地拉出钢丝，如图 9-6-5 所示。用同样的方法拉出另外一根钢丝，两根钢丝都旋转拉出，如图 9-6-6 所示。

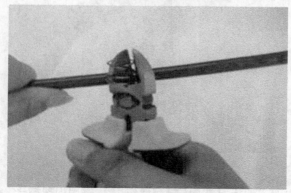

图 9-6-5　拉出钢丝

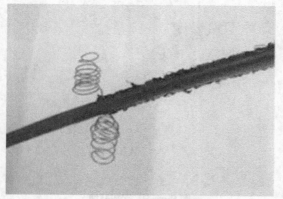

图 9-6-6　拉出两根钢丝

用束管钳将任意一根旋转钢丝剪断，留一根以备在光纤配线盒内固定。当两根钢丝拉出后，外部的黑皮保护套就被拉开了，用手剥开保护套，然后用斜口钳剪掉拉开的黑皮保护套，如图 9-6-7 所示，然后用剥皮钳将其剪剥后抽出。

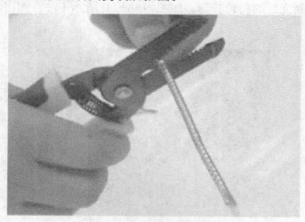

图 9-6-7　拨开保护套

剥皮钳将保护套剪剥开，如图 9-6-8 所示，并将其抽出。

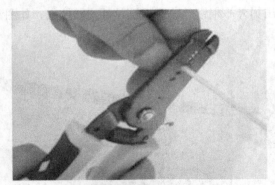

图 9-6-8　抽出保护套

由于这层保护套内部有油状填充物（起润滑作用），故用棉球擦干，完成开缆，如图 9-6-9所示。

图 9-6-9　完成开缆

（3）光纤的熔接

首先进行剥光纤与清洁。剥尾纤。可以使用光纤跳线，从中间剪断后，成为尾纤进行操作。一手拿好尾纤一端，另一手拿好光纤剥线钳，如图 9-6-10 所示。用剥线钳剥开尾纤外皮，后抽出外皮，可以看到光纤的白色护套，如图 9-6-11 所示（注：剥出的白色保护套长度为15cm 左右）。

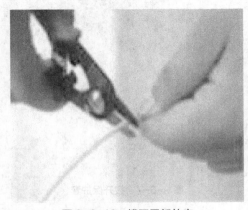

图 9-6-10　拨开尾纤外皮

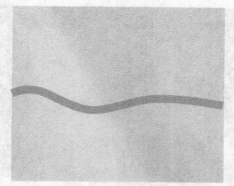

图 9-6-11 抽出外皮

  将光纤在食指上轻轻环绕一周，用拇指按住，留出光纤应为 4cm，然后用光纤剥线钳剥开光纤保护套，在切断白色外皮后，缓缓将外皮抽出，此时可以看到透明状的光纤，如图 9-6-12 所示。

  用光纤剥线钳最细小的口轻轻地夹住光纤，缓缓地把剥线钳抽出，将光纤上的树脂保护膜刮下，如图 9-6-13 所示。

图 9-6-12 拨开光纤保护套

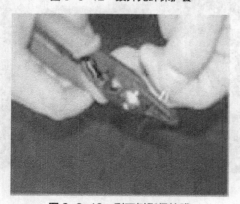

图 9-6-13 刮下树脂保护膜

  用酒精棉球蘸无水酒精对剥掉树脂保护套的裸纤进行清洁，如图 9-6-14、图 9-6-15 所示。

图 9-6-14　酒精棉球

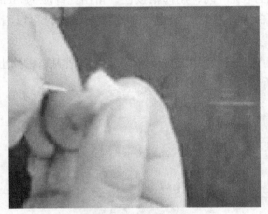

图 9-6-15　清洁裸纤

接下来，需要切割光纤与清洁。安装热缩保护管。将热缩套管套在一根待熔接光纤上，熔接后保护接点，如图 9-6-16 所示。

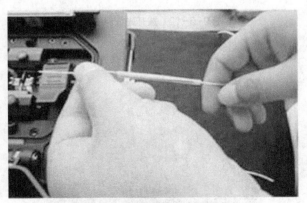

图 9-6-16　安装热缩保护管

（4）制作光纤端面

用剥皮钳剥去光纤被覆层 30~40mm，用干净酒精棉球擦去裸光纤上的污物。

用高精度光纤切割刀将裸光纤切去一段，保留裸纤 12~16mm。

将安装好热缩套管的光纤放在光纤切割刀中较细的导向槽内，如图 9-6-17 所示。

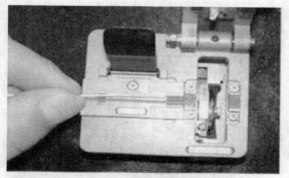

图 9-6-17 放入切割刀导槽

然后依次放下大小压板，如图 9-6-18 所示。

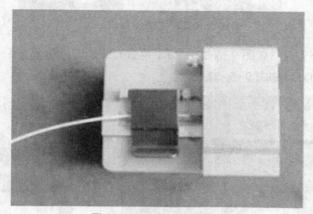

图 9-6-18 放下大小压板

左手固定切割刀，右手扶着刀片盖板，并用大拇指迅速向远离身体的方向推动切割刀刀架，如图 9-6-19 所示，此时就完成了光纤的切割部分。

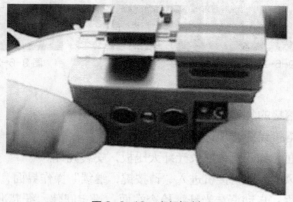

图 9-6-19 光纤切割

（5）安放光纤

打开熔接机防风罩使大压板复位，显示器显示"请安放光纤"。

分别打开光纤大压板，将切好端面的光纤放入 V 型载纤槽，光纤端面不能触到 V 型载纤槽底部，如图 9-6-20 所示。

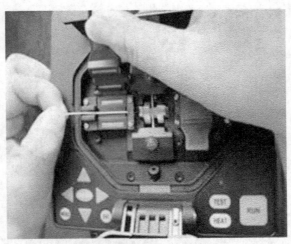

图 9-6-20　放入 V 型载纤槽

　　盖上熔接机的防尘盖后如图 9-6-21 所示，检查光纤的安放位置是否合适，在屏幕上显示两边光纤位置居中为宜，如图 9-6-22 所示。

图 9-6-21　防尘盖后

图 9-6-22　检查安装位置

（6）熔接

进行熔接机自动熔接的具体步骤如下。

先检查，确认"熔接光纤"项选择正确。

然后，做光纤端面。打开防风罩及光纤大压板，安装光纤。

接下来，盖下防风罩，则熔接机进入"请按键，继续"操作界面，按"RUN"键，熔接机进入全自动工作过程：自动清洁光纤、检查端面、设定间隙、纤芯准直、放电熔接和接点损耗估算。

最后将接点损耗估算值显示在显示屏幕上。

当接点损耗估算值显示在显示屏幕上时，按"FUNCTION"键，显示器可进行 x 轴或 y 轴放大图像的切换显示。按下"RUN"键或"TEST"键完成熔接。

- 加热热缩管

取出熔接好的光纤。依次打开防风罩、左右光纤压板，小心取出接好的光纤，避免碰到电极。

- 移放热缩管

将事先套在光纤上的热缩管小心地移到光纤接点处，使两光纤覆层留在热缩管中的长度基本相等。

- 加热热缩管

- 盘纤固定

将接续好的光纤盘到光纤收容盘内，在盘纤时，盘圈的半径越大，弧度越大，整个线路的损耗越小。所以一定要保持一定的半径，使激光在光纤传输时，不会产生一些不必要的损耗。最后盖上盘纤盒盖板。

4．室外架空光缆施工

吊线托挂架空方式，该方式简单便宜，应用最广泛，但挂钩加挂、整理较费时。

吊线缠绕式架空方式，这种方式较稳固，维护工作少，但需要专门的缠扎机。

自承重式架空方式，要求高，施工、维护难度大，造价高，国内目前很少采用。

5．室外管道光缆施工

施工前应核对管道占用情况，清洗、安放塑料子管，同时放入牵引线。

计算好布放长度，一定要有足够的预留长度。

一次布放长度不要太长（一般 2km），布线时应从中间开始向两边牵引。

布缆牵引力一般不大于 120kg，而且应牵引光缆加强芯部分，并做好光缆头部防水加强处理。

光缆引入和引出处需加顺引装置，不可直接拖地。

管道光缆也要注意可靠接地。

6．直接地埋光缆的敷设

直埋光缆沟深度要按标准进行挖掘。

不能挖沟的地方可以架空或钻孔预埋管道敷设。

沟底应保正平缓坚固，需要时可预填一部分沙子、水泥或支撑物。

敷设时可用人工或机械牵引，但要注意导向和润滑。

敷设完成后，应尽快回土覆盖并夯实。

7．建筑物内光缆的敷设

垂直敷设时，应特别注意光缆的承重问题，一般每两层要将光缆固定一次。

光缆穿墙或穿楼层时，要加戴护口的保护用塑料管，并且要用阻燃的填充物将管子填满。

在建筑物内也可以预先敷设一定量的塑料管道，待以后要敷设光缆时再用牵引或真空法布光缆。

四、任务实施

9.7 入口管道铺设实训

1．实训目的

了解进线间位置和进线间的作用。

了解进线间设地要求。

掌握进线间入口管道的处理方法。

2．实训要求

掌握进线间的作用。

准备实训工具。

完成进线间的设计。

完成进线间入口的处理。

3．实训设备、材料和工具

网络综合布线实训装置 1 套。

PVC 管、管卡、接头等若干。

锯弓、锯条、钢卷尺、十字螺丝刀。

4．入口管道铺设实训步骤

准备实训工具，列出实训工具清单。

领取实训材料和工具，如图 9-7-1 所示。

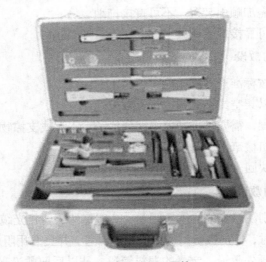

图 9-7-1　实训工具箱

确定进线间的位置。

进线间在确定位置时要考虑便于线缆的铺设以及供电方便。2~3 人组成一个项目组，选举项目负责人，每组设计进线间的位置及进线间入口管道数量以及入口处理方式，并且绘制图纸。项目负责人指定 1 种设计方案进行实训。

　　铺设进线间入口管道。将进线间所有进线管道根据用途划分，并按区域放置。

　　对进线间所有入口管道进行防水等处理。

9.8　光缆铺设实训

1．光缆铺设实训要求

　　准备实训工具，列出实训工具清单。

　　领取实训材料和工具。

　　完成光缆的安装。

2．实训设备、材料和工具

　　网络综合布线实训装置 1 套，如图 9-8-1 所示。

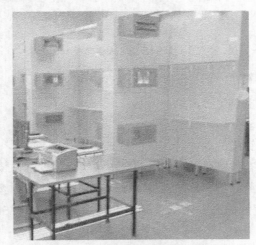

图 9-8-1　网络综合布线实训装置

　　光缆、U 型卡、支架、挂钩若干。

　　锯弓、锯条、钢卷尺、十字螺丝刀、活扳手、人字梯等，如图 9-8-2、图 9-8-3 所示。

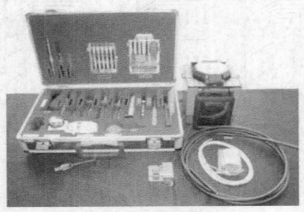

图 9-8-2　实训工具箱

图 9-8-3　人字梯

3．光缆铺设实训步骤

准备实训工具，列出实训工具清单。

领取实训材料和工具。

实际测量尺寸，完成钢缆的裁剪。

固定支架，根据设计布线路径，在网络综合布线实训装置上安装固定支架。

连接钢缆，安装好支架以后，开始铺设钢缆，在支架上使用 U 型卡来固定。

铺设光缆，钢缆固定好之后开始铺设光缆，使用挂钩每隔 0.5m 架一个，如图 9-8-4 所示。

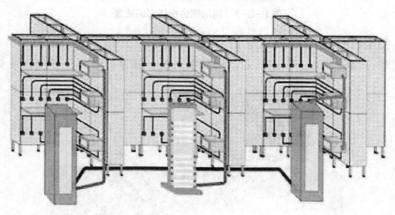

图 9-8-4　光缆铺设实训示意图

PART 10

单元 10
综合布线系统工程的测试与验收

 一、任务描述

浙江科技工程学校需要实施校园网络二期工程扩容改造，因此需要针对校园网络扩容重新实施综合布线。学校先后通过规划、设计、招标、施工等项目流程，完成了校园网络二期工程扩容改造任务。因此需要网络中心的管理人员针对整个综合布线实施项目开展测试与验收。

小明是网络中心的管理员，需要配合验收单位，按照学校整体综合布线工程前期的规划报告，进行学校网络综合布线系统工程的测试与验收，并提交测试与验收报告。

 二、任务分析

为了保证布线系统测试工作的顺利完成，以及确保此次布线工程测试结果的准确性、公正性。工程测试与验收是一项系统性工作，它包含链路连通性、电气和物理特性测试，还包括对施工环境、工程器材、设备安装、缆线敷设、缆线终接、竣工技术文档等的验收。其中标识不清问题是在测试验收中最常出现的，容易被施工方忽略的环节，该类问题会直接影响用户跳接网络，使用户在使用网络时无法正确找到对应信息点，给用户后期网络建设和网络维护带来困难。

 三、知识准备

10.1 认识布线系统测试技术

工程测试与验收是一项系统性工作，它包含链路连通性、电气和物理特性测试，还包括对施工环境、工程器材、设备安装、缆线敷设、缆线终接、竣工技术文档等的验收。

验收工作贯穿于整个综合布线工程之中，包括施工前检查、随工检查、初步验收、竣工验收等几个阶段，每个阶段都有特定的内容，如图 10-1-1 所示。

虽然在每个时间阶段测试的对象不同，但基本的测试方式都是验证测试、鉴定测试和认证测试。

图 10-1-1　测试现场

1．综合布线测试的必要性

在实际工作中，人们往往对设计指标、设计方案非常关心，却对施工质量掉以轻心，忽略线缆测试这一重要环节，验收过程走过场，造成很多布线系统的工程质量问题。而且，从实际应用来看，当前超五类、六类工程项目越来越多，人们对综合布线的传输速率和使用带宽的要求也越来越高，需要测试的内容也越来越多，所以，单靠线路是否能通这种检验显然不能保证布线工程的质量。等到工程验收的时候，发现问题累累，麻烦丛生，方才意识到测试的必要性，往往后悔莫及。

2．综合布线测试的类别

布线测试按照测试的难易程度一般分为验证测试、鉴定测试、认证测试 3 个级别。

（1）验证测试

这种测试要求比较简单的一种测试，一般只检测物理连通性，不对链路的电磁参数和最大传输性能等进行检测。一般是在施工的过程中由施工人员边施工边测试，以保证所完成的每一个连接的正确性。

（2）认证测试

认证测试是指对布线系统依照标准进行逐项检测，以确定布线是否能达到设计要求，包括连接性能测试和电气性能测试。认证测试一般包括两种，自我认证测试和第三方认证测试。

（3）鉴定测试

鉴定测试是对链路支持应用能力（带宽）的一种鉴定，比验证测试要求高，但比认证测试要求低，测试内容和方法也简单一些。例如，测试电缆通断、线序等都属于验证测试，而测试是否支持某个应用和带宽要求，如能否支持 10/100/1000Mbit/s，则属于鉴定测试；测试光纤的通断、极性、衰减或者接收功率也属于鉴定测试。

3．测试仪器的选择

对于布线工程测试结果的权威性就必需选择合适的测试设备，对五类布线来说，一般要求测试仪应能同时具有认证和故障查找能力，在保证测定布线通过各项标准测试的基础上，能够快速准确地进行故障定位，如图 10-1-2 所示。

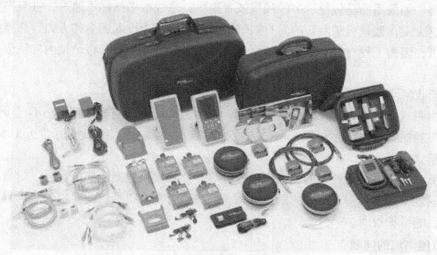

图 10-1-2　常用的检测工具

在选择测试仪时应注意以下几方面的问题。

精度是布线认证测试仪的基础，所选择的测试仪既要满足基本链路认证精度，又要满足通道链路的认证精度。测试仪的精度是有时间限制的，精密的测试仪器必须在使用一定时间后进行校准。

使用精确的故障定位及快速的测试速度、带有远端器的测试仪器测试五类线时，近端串扰应进行双向测试，即对同一条电缆必须测试两次，而带有智能远端器的测试仪可实现双向测试一次完成。

测试结果可以与 PC 机连接在一起传送测试数据，便于打印输出与保存。

4．综合布线测试的步骤

综合布线的测试主要涉及：验证测试、认证测试、抽查测试、建立文档 4 个步骤。其中，通断测试是基础，最为关键的还是认证测试，不过抽查测试是不可少的。

（1）验证测试

通断测试是测试的基础，是对线路施工的一种最基本的检测。虽然此时只测试线缆的通断和线缆的打线方法是否正确，但这个步骤不能少。可以使用简单的测试仪进行测试。通常这是给布线施工工人使用的一般性线缆检测工具。

（2）认证测试

此步骤最关键。当线缆布线施工完毕后，需要对全部电缆系统进行认证测试。此时要根据国际标准，对线缆系统进行全面测试，以保证所安装的电缆系统符合所设计的标准，如超五类标准、六类标准、超六类标准等。这个过程需要测试各种电气参数，最后要给出每一条链路即每条线缆的测试报告。测试报告中包括了测试的时间、地点、操作人员姓名、使用的标准、测试的结果。测试的参数也很多，比如：打线图、长度、衰减、近端串扰、衰减串扰比、回波损耗、传输时延、时延偏离、综合近端串扰、远端串扰、等效远端串扰等参数。

每一个参数都代表不同的含义，各个参数之间又不是独立的，而是相互影响的，如果某个参数不符合规范，需要分析原因，然后对模块、配线架、水晶头的打法进行相应的调整或者重新压接。如果用的是假冒伪劣的线缆或者模块，造成很多指标不通过，甚至需要重新敷设线缆，这个工作量是可想而知的。有些时候，即使有能力投入资金和人力，想换线也未必能够换得了，因为工程有很多工序是不可逆的，比如对于更换石膏板吊顶内的线缆是非常困难的。

（3）验收抽测

需要由第三方对综合布线系统进行抽测，比如质量检测部门。抽测是必不可少的，而且要收取相应的抽测费用，地域间可能存在差别。综合布线系统抽测的比例通常为 10% ～ 20%。

（4）建立文档

文档资料是布线工程验收的重要组成部分。完整的文档包括电缆的标号、信息插座的标号、配线间水平电缆与垂直电缆的跳接关系，配线架与交换机端口的对应关系。建立电子文档便于以后的维护管理。

5．可能出现的问题

在进行抽查测试的过程中，可能出现的问题主要有如下情况。

接线图未通过：两端的接头有断路、短路、交叉、破裂开路；跨接错误（某些网络需要发送端和接收端跨接，当为这些网络构筑测试链路时，由于设备线路的跨接，测试接线图会出现交叉）。

衰减未通过：长度超长；周围温度过高；不恰当的端接；链路线缆和接插件的质量、电气性能有问题或不是同一类产品；器件施工工艺水平有问题、打线不规范；阻抗不匹配。

近端串扰未通过：近端连接点不牢固；远端连接点短路；外部噪声干扰；链路线缆和接插件的质量、电气性能有问题或不是同一类产品；器件施工工艺水平有问题、打线不规范；阻抗不匹配。

长度未通过：线缆实际长度过长；线缆开路或短路；设备连线及跨接线的总长度过长。

6．综合布线测试验收的标准

从国家标准来看，国标中对布线工程的检测工作是十分重视的，在 GB 50312 中提出检测及测试记录文档是工程竣工文档资料的重要组成部分，而且是工程验收能否通过的一个重要依据。其次，布线工程检测包括哪些测试内容，从规范要求提出两种需要实施的检测，一类是施工前的检查抽测，这是为了防止厂商提供给工程现场的到货产品和合同中签订提供的产品在等级、质量、外观上发现不一致的现象。

施工前对产品抽测可以有效地避免施工中出现返工现象，而造成人力与器件的浪费。因此国标提出：对电缆部分要进行抽测，抽测比例是在批量到货的电缆中，任意抽测 3 盘截出 90m 电缆，并安装接插件，组成链路或信道的连接方式进行现场测试。而对光纤部分首先检测外包装，光纤包装盒如有损坏，对光纤要求抽测。

国标中对验收测试也提出了明确的几点要求。

● 首先是 100% 的检测，每个信息点都要检测，并给用户提交不可修改测试文档。

● 在国标中提出了工程是否合格的评判标准：每一个点所有的指标都要进行测试，其中被测的信息点有一项的指标不合格率超过 1%，则判为工程不合格。

● 除了对布线的电气性能进行检测以外，对标签、标识也要求 10% 抽检，抽检的结果应符合标准的要求。

● 同时对管理软件与电子配线系统要求按专项工程检测并通过。

● 上述规定都是判断工程是否合格的依据。所以从国家的规范来看都有很具体、很明确的测试方法内容要求、测试时间段，甚至对测试仪表的精度也都有相应的明确规定。如果大家都按照国家标准中的相关要求来做，应该是完全能够保证工程质量与投入正常运行的。

7．测试故障及注意事项

（1）典型布线故障

网络电缆故障有很多种，概括起来可以将网络电缆故障分为两类：一类是连接故障，另一类是电气特性故障。连接故障多是由于施工的工艺或对网络电缆的意外损伤造成的，如接线错误、短路、开路等；而电气特性故障则是电缆在信号传输过程中达不到设计要求。影响电气特性的因素除材料本身的质量外，还包括施工过程中电缆的过度弯曲、电缆捆绑太紧、过力拉伸和过度靠近干扰源等。

（2）确保施工质量

根据调查，网络中发生的故障有 50% 甚至 70% 以上是由与电缆有关的故障造成的，网络中将电缆故障具体定位比较困难而且是很浪费时间的，所造成的损失也是比较大的，特别是对那些电缆安装在墙内、吊顶上及地板下的情况，要保证正确的安装是很重要的。

在业界有一种"随装随测"的新技术，即在施工过程中，采用测试工具，每完成一个点就测试该点的连通性，包括接线图、通断性及电缆长度，如果发现问题及时解决。这样就保证了线对的安装正确，当所有的连接完成后，就可以保证链路中所有的部分都通过了连接测试，为最后的认证测试节约了时间。

（3）测试标准

中国工程建设标准化协会于 1997 年 4 月发布了《建筑与建筑群综合布线系统工程施工验收规范》（CECS 89：97），该规范是以 TIA／EIA-568A 的 TSB-67 的标准要求，全面包括了电缆布线的现场测试内容、方法及对测试仪器的要求，主要包括长度、接线图、衰减、近端串扰等 4 项内容，如特性阻抗、衰减与串扰比、环境噪声干扰强度、传播时延、回波损耗和直流环路电阻等电气性能测试项目，可以根据现场测试仪器的功能和施工现场所具备的条件选项进行测试。

（4）认证测试需要注意的问题

指测量一条 UTP 链路中从一对线到另一对线的信号耦合。一般是传送线对与接收线对之间产生干扰的信号，它对信号的接收产生不良影响。对于 UTP 链路，NEXT 是一个关键的性能指标，也是最难精确测量的一个指标。

随着信号频率的增加，其测量难度将加大。NEXT 并不表示在近端点所产生的串扰值，它只是表示在近端点所测量到的串扰值。这个量值会随电缆长度不同而变，电缆越长，其值变得越小。同时发送端的信号也会衰减，对其他线对的串扰也相对变小。

实验证明，只有在 40m 内测量得到的 NEXT 是较真实的。如果另一端是远于 40m 的信息插座，那么它会产生一定程度的串扰，但测试仪可能无法测量到这个串扰值。因此，最好在两个端点都进行 NEXT 测量。现在的测试仪都配有相应设备，使得在链路一端就能测量出两端的 NEXT 值。近端串扰（NEXT）：其单位是"分贝（dB）"，主要表示传输信号与串扰的比值，其绝对值越大，串扰越低。

（5）FEXT（Far End Cross-Talk）

FEXT 指从链路近端某一个线对发送的信号经过该电路衰减，在链路远端干扰相邻其他接受线对的串扰信号，即在链路远端经链路衰减了的串扰。

（6）Return Loss（RL）

回波损耗：是由于阻抗不匹配而使部分传输信号的能量被反射回去，返回损耗对于使用全双工方式传输的应用非常重要。

（7）传播时延（Delay Skew）

传播时延表示一根电缆上最快线对与最慢线对间传播延迟的差异。

（8）特性阻抗

在电路中对电流的阻碍称为特性阻抗，以欧姆为计量单位。

一般有两种测试模式——基本链路（Basic Link）和通道链路，这两者最大的区别在于基本链路不包括用户端使用的电缆，而通道链路是一个完整的端到端链路，即用户网卡到有源设备（如集线器、交换机等）。

（9）Anomaly（阻抗异常）

在网络电缆中，若某处的电缆阻抗发生了突变，便会出现阻抗异常。

（10）CrossedPair（错对）

双绞线电缆中的一种接线错误。当电缆一端的一对接线错接到电缆另一端不同线对上时，就发生了错对。

（11）dB（分贝）

dB 表示一种单位，即两种电或声功率之比或两种电压或电流值或类似声量之比。

（12）TDR（Time Domain Reflection）时域反射

测试仪从电缆一端发出一个电脉冲，在脉冲行进时，如果碰到阻抗的变化点，如接头、开路、短路或不正常接线时，就会将部分或全部的脉冲能量反射回测试仪。

依据来回脉冲的延迟时间及已知的信号在电缆传播的 NVP（额定传播速率），测试仪就可以对应计算出脉冲接受端到该脉冲返回点的长度。

10.2 认识测试仪器

工程测试与验收是一项系统性工作，它包含链路连通性、电气和物理特性测试，还包括对施工环境、工程器材、设备安装、缆线敷设、缆线终接、竣工技术文档等的验收。

综合布线的测试工具主要包含铜缆测试工具和光纤测试工具，但目前有些测试工具会同时具有两种介质的测试功能。

1．双绞线测试仪

普通双绞线测试仪如图10-2-1所示。

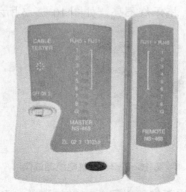

图 10-2-1 双绞线测试仪

（1）功能

对双绞线 1、2、3、4、5、6、7、8、G 线对逐根（对）测试，并区分判定哪一根（对）错线、短路和开路。开关 ON 为正常测试速度，"S"为慢速测试速度，M 为手动档。

（2）双绞线测试

打开电源，将网线插头分别插入主测试器和远程测试器，主机指示灯从 1 至 G 逐个顺序闪亮。

> 主测试器：　1-2-3-4-5-6-7-8-G。
> 远程测试器：1-2-3-4-5-6-7-8-G（RJ45）。

若接线不正常，按下述情况显示。

- 当有一根网线如 3 号线断路，则主测试仪和远程测试端 3 号灯都不亮。
- 当有几条线不通，则几条线都不亮，当网线少于 2 根线连通时，灯都不亮。
- 当网线有 2 根短路时，则主测试器显示不亮，而远程测试端显示短路的两根线灯都微亮，若有 3 根以上（含 3 根）。
- 短路时则所有短路的几条线号的灯都不亮。

2．跳线架和模块测试

若测配线架和墙座模块，则需 2 根匹配跳线（如 110P4-RJ45）引到测试仪上，如图10-2-2所示。

图 10-2-2　配线架和信息模块测试

3．同轴电缆测试仪

简单的同轴电缆测试仪仅能测试同轴电缆的通断，当同轴电缆能够正常通信时，显示BNC的两个指示灯显示为亮。否则，指示灯不亮，如图10-2-3所示。

图 10-2-3　同轴电缆测试仪

高级一些的同轴电缆测试仪不仅可以显示电缆的通断，还可以显示电缆的长度，并对断线点进行准确的定位。一般配有液晶显示屏。图 10-2-4 所示为 SML-8868 型测线器。

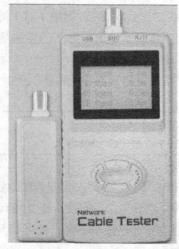

图 10-2-4　SML-8868 型测线器

此种测线仪的功能如下。

- 能用 M-S 和 M-R 方法测网线，电话线，BNC 电缆，USB 线的开路、短路、交叉、反接，配对的连接情况及线缆断线定位，且在 LCD 上直观地显示。
- 对网线进行串扰测试，解决网速慢的潜在故障。
- 可在众多网线、电话线及其他各种金属线中，通过音量大小提示，在远端识别测出要查找线，寻线长可达 3000m 以上，具有抗干扰性和高灵敏度。
- 能用 M-S、M-R、OPEN3 种方法测网线、同轴电缆线、电话线、USB 线的长度，可测量线缆长度达 1500m，测量线缆长度及断线定位准确度达 98%。
- 判开路点，能准确判断网线的水晶头开路在某一端点。
- 自动延时关机功能。
- 可测量路由器端网线连接状态是否良好，可带电测量电话线。

4. 光纤测试仪

光纤光缆测试是光缆施工、维护、抢修的重要技术手段，采用 OTDR（光时域反射仪）进行光纤连接的现场监视和连接损耗测量评价，是目前最有效的方式。这种方法直观、可信并能打印出光纤后向散射信号曲线。另外，在监测的同时可以比较精确地测出由局内至各接头点的实际传输距离，对维护中精确查找故障、有效处理故障是十分必要的。同时要求维护人员掌握仪表性能，操作技能熟练，精确判断信号曲线特征。

按光在光纤中的传输模式可分为单模光纤和多模光纤。

单模光纤（Single-mode Fiber）：光纤跳纤一般用黄色表示，接头和保护套为蓝色；传输距离较长。单模光纤的纤芯直径很小，在给定的工作波长上只能以单一模式传输，传输频带宽，传输容量大，如图 10-2-5 所示。

多模光纤（Multi-mode Fiber）：光纤跳纤一般用橙色或者灰色表示，接头和保护套用米色或者黑色；传输距离较短。多模光纤是在给定的工作波长上，能以多个模式同时传输的光纤，如图 10-2-6 所示。

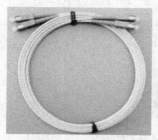

图 10-2-5　单模光纤

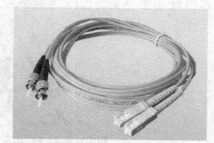

图 10-2-6　多模光纤

与单模光纤相比，多模光纤的传输性能较差。单模光纤和多模光纤是不同的，主要是光纤的几何尺寸的差异决定了它们有不同的传输光导。

在应用上，单模光纤的工作波长是 1310nm、1550nm，多模主要用 850nm、1300nm，一般在测试光纤的衰减时就会根据不同的光纤类型来选择它们对应的工作波长进行检测。

光纤的测试有很多测试项目，一般在工程中测试主要关心的就是光纤的衰减和长度。检测光纤衰减和长度的设备是 OTDR。OTDR 的英文全称是 Optical Time Domain Reflectometer，中文意思为光时域反射仪，被广泛应用于光缆线路的维护、施工之中，可进行光纤长度、光纤的传输衰减、接头衰减和故障定位等的测量。目前 OTDR 的主要产品主要有：美国安捷伦 E6000C、加拿大 EXFO FTB150、日本安立 MT9080、日本横河 AQ7275、美国 JDSU MTS6000 等，如图 10-2-7 所示。

图 10-2-7　光纤的测试工具安捷伦 E6000C

OTDR 测试是通过发射光脉冲到光纤内，然后在 OTDR 端口接收返回的信息来进行。当光脉冲在光纤内传输时，会由于光纤本身的性质、连接器、接合点、弯曲或其他类似的事件而产生散射、反射。其中一部分的散射和反射就会返回到 OTDR 中。返回的有用信息由 OTDR 的探测器来测量，它们就作为光纤内不同位置上的时间或曲线片断。根据从发射信号到返回信号所用的时间，再确定光在玻璃物质中的速度，就可以计算出距离。

在测量衰减的同时，还会对被测光纤整个传输情况有个表征，可以看到其内部的事件点，比如说光纤的微弯或者断点等。

10.3 认识双绞线链路测试

1．测试双绞线链路设备

在综合布线工程中，用于测试双绞线链路的设备通常有通断测试与分析测试两类。前者主要用于链路的简单通断性判定，常用的设备如简单的测线仪。后者用于链路性能参数的确定，常用的仪器如 FLUKE 公司的 DTX 系列产品，如图 10-3-1 所示。

图 10-3-1　FLUKE DTX 系列产品

在工程严格测试的情况下，一般以链路性能测试为主。DTX 系列产品最终测试的结果可以导出到计算机内。可以使用 LinkWare 软件查看。

2．测试双绞线链路测试软件

LinkWare 软件可完成测试结果的管理，LinkWare 具有强大的统计功能，可以显示各种格式的测试报告，如图形、文本等，如图 10-3-2 所示。

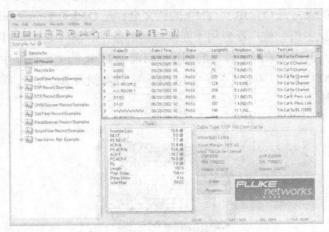

图 10-3-2　测试软件

3．测试模型

（1）基本链路模型

基本链路包括 3 部分：最长为 90m 的水平布线电缆、两端接插件和两条 2m 测试设备跳线。基本链路连接模型如图 10-3-3 所示。

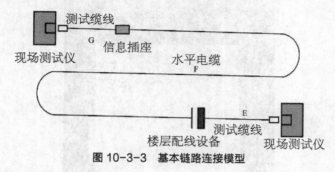

图 10-3-3　基本链路连接模型

（2）永久链路模型

永久链路模型又称固定链路，一般是指从配线架上的跳线插座起到工作区墙面插座位置，对这段链路进行的物理性测试。它由最长为 90m 的水平电缆、两端接插件和转接连接器组成，如图 10-3-4 所示。

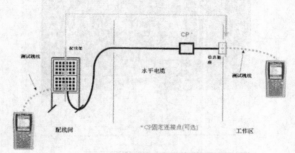

图 10-3-4　永久链路测试实例

（3）信道模型

信道一般指从交换机端口上设备跳线的 RJ-45 水晶头算起，到服务器网卡前用户跳线的 RJ-45 水晶头结束的这段物理连接；也就是从网络设备跳线到工作区跳线间端到端的连接，它包括了最长为 90m 的水平布线电缆、两端接插件、一个工作区转接连接器、两端连接跳线和用户终端连接线，信道最长为 100m，如图 10-3-5 所示。

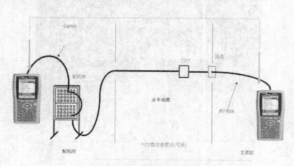

图 10-3-5　信道测试实例

4．双绞线链路测试过程

（1）确定测试标准

使用目前国内普遍使用的 ANSI-TIA-EIA-568-B 标准测试，如图 10-3-6 所示。

图 10-3-6　选择测试标准

（2）确定测试链路标准

为了保证缆线的测试精度，采用永久链路测试。

接入测试缆线接口。测试中主机端和远端端接状态如图 10-3-7、图 10-3-8 所示。

图 10-3-7　主机端连接方式

图 10-3-8　远端端接方式

（3）确定测试设备

测试时选用 FLUKE-DTX 的超五类双绞线模块进行缆线测试。旋钮至"AUTO TEST"，按下"TEST"，设备将自动开始测试缆线，并保存结果，如图 10-3-9 所示。

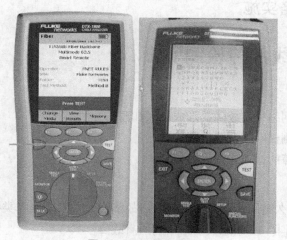

图 10-3-9　保存结果

保存测试结果。直接按"SAVE"即可对结果进行保存。

（4）测试信息点

将 FLUKE-DTX 设备的主机和远端机都接好超五类双绞线永久链路测试模块。

将 FLUKE-DTX 设备的主机放置在配线间（中央控制室）的配线架前，远端机接入到各楼层的信息点进行测试。

设置 FLUKE-DTX 主机的测试标准，旋钮至"SETUP"，选择测试标准为"TIA Cat5 Perm.link"。

（5）分析测试数据

通过专用线将结果导入到计算机中，通过"LinkWare"软件即可查看相关结果，如图 10-3-10 所示。

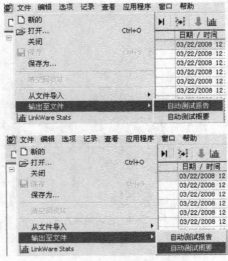

图 10-3-10　分析测试数据

 四、任务实施

10.4　综合布线故障检测实训

1．实训目的

了解并掌握各种网络链路故障的形成原因和预防办法。

掌握线缆测试仪测试网络链路故障的方法。

掌握常见链路故障的维修方法。

2．实训要求

完成总共 12 路永久链路的测试，准确找出故障点，并判明故障类型。

故障维修实训，排除 12 条永久链路中的所有故障。

要求掌握常见永久链路故障的形成原因，掌握故障检测和故障分析方法。

3．实训设备

（1）综合布线故障检测实训装置

综合布线故障检测实训装置如图 10-4-1、图 10-4-2 所示。

（2）福禄克线缆测试仪

福禄克线缆测试仪如图 10-4-3、图 10-4-4 所示。

4．实训步骤

（1）打开综合布线故障检测实训装置电源。

（2）熟悉综合布线故障模拟箱原理。

综合布线故障模拟箱包括网络配线架和信息插座两部分，分别模拟管理间（或设备间）和工作区之间的永久链路。

图 10-4-1　综合布线故障检测装置（1）

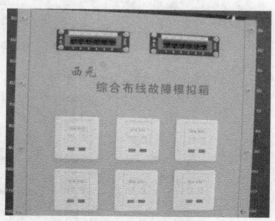

图 10-4-2　综合布线故障检测装置（2）

图 10-4-3　福禄克线缆测试仪

图 10-4-4　福禄克线缆测试仪线缆

● 管理间模拟部分，如图 10-4-5 所示。

图 10-4-5　管理间模拟模块

● 工作区模拟部分，如图 10-4-6 所示。

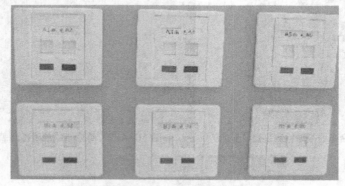

图 10-4-6　工作区模拟部分

● 永久链路模拟测试原理，如图 10-4-7、图 10-4-8 所示。

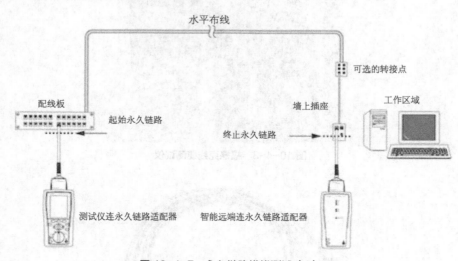

图 10-4-7　永久链路模拟测试（1）

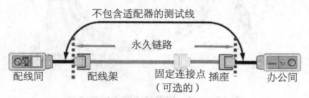

图 10-4-8　永久链路模拟测试（2）

● 永久链路对应表。

永久链路对应表如表 10-4-1 所示。

表 10-4-1　永久链路对应表

永久链路编号	1	2	3	4	5	6	7	8	9	10	11	12
工作区模拟编号	A1	A2	A3	A4	A5	A6	B1	B2	B3	B4	B5	B6
管理间模拟编号	A1	A2	A3	A4	A5	A6	B1	B2	B3	B4	B5	B6

（3）取出福禄克线缆测试仪，任意选一组链路与福禄克线缆测试仪的永久链路适配器连接，如图 10-4-9 所示。

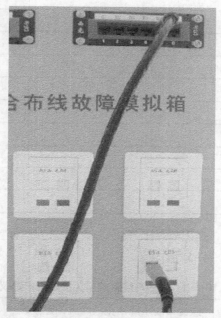

图 10-4-9　福禄克线缆测试仪永久链路适配器连接

（4）按照福禄克线缆测试仪的操作说明，逐条测试链路，根据测试仪显示数据，判定各链路的故障位置和故障类型，如图 10-4-10 所示。

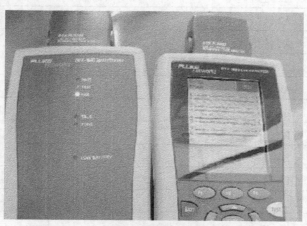

图 10-4-10　仪器测试链路的故障位置和故障类型

（5）填写故障检测分析表，完成故障测试分析，综合布线系统常见故障检测分析表如表 10-4-2 所示。

表 10-4-2　综合布线系统常见故障检测分析表

综合布线系统常见故障检测分析表				
序号	链路名称	检测结果	主要故障类型	主要故障主要原因分析
1	A1 链路			
2	A2 链路			
3	A3 链路			
4	A4 链路			
5	A5 链路			
6	A6 链路			
7	B1 链路			
8	B2 链路			
9	B3 链路			
10	B4 链路			
11	B5 链路			
12	B6 链路			

（6）根据故障检测结果，提出故障维修建议。

故障维修建议表如表 10-4-3 所示。

表 10-4-3　综合布线系统常见故障维修建议表

综合布线系统常见故障维修建议表			
序　号	链路名称	故障类型	维修建议
1	A1 链路		
2	A2 链路		
3	A3 链路		
4	A4 链路		
5	A5 链路		
6	A6 链路		
7	B1 链路		
8	B2 链路		
9	B3 链路		
10	B4 链路		
11	B5 链路		
12	B6 链路		

5．实训报告

写出 12 条永久链路的故障位置、故障类型。

写出 12 种常见故障产生的主要原因、预防办法，在搭建链路时如何防止产生这些故障。

写出线缆测试仪测试线缆故障的测试方法。

PART 11

单元 11
学习网络综合布线系统
工程预算

 一、任务描述

浙江科技工程学校需要实施校园网络二期工程扩容改造，因此需要针对校园网络扩容重新实施综合布线。为了了解本次校园网络二期工程扩容改造中整个网络综合布线改选需要多少费用，学校要求网络中心按照整个工程的工作量，提交学校校园网络二期工程扩容改造综合布线工程项目的预算。小明是网络中心新入职的网络管理员，因此需要配合其他的工程师，按照学校的要求，共同完成校园网络综合布线系统工程预算，并提交学校预算报告。

 二、任务分析

建设工程的概（预）算是对工程造价进行控制的主要依据，它包括设计概算和施工图预算。

设计概算是设计文件的重要组成部分，应严格按照批准的可行性研究报告和其他有关文件进行编制。施工图预算则是施工图设计文件的重要组成部分，应在批准的初步设计概算范围内，进行编制。概（预）算必须由持有勘察设计证书资格的单位编制。同样，其编制人员也必须持有信息工程概（预）算资格证书。综合布线系统的概（预）算编制办法，原则上参考通信建设工程概算、预算编制办法作为依据，并应根据工程的特点和其他要求，结合工程所在地区，按地区（计委）建委颁发有关工程概算、预算定额和费用定额编制工程概（预）算。

 三、知识准备

11.1　了解工程概算及预算

1．工程概算概念

工程概预算即工程造价，是对工程项目所需全部建设费用计算成果的统称。

在不同阶段，其名称、内容各有不同。总体设计时称为估算，初步设计时称为概算，施工图设计时称为预算；竣工时则称为结算，针对的工程阶段不同，相应地，计算对象和方式也有不同。

2．概预算的作用

（1）概算。

概算是确定和控制固定资产投资、编制和安排投资计划、控制施工图预算的主要依据。

概算是签订建设项目总承包合同、实行投资包干以及核定贷款额度的主要依据。

概算是考核工程设计技术经济合理性和工程造价的主要依据之一。

概算是筹备设备、材料和签订订货合同的主要依据。

概算在工程招标承包制中是确定标底的主要依据。

（2）预算。

预算是考核工程成本、确定工程造价的主要依据。

预算是签订工程承、发包合同的依据。

预算是工程价款结算的主要依据。

预算是考核施工图设计技术经济合理性的主要依据之一。

3．概预算的编制依据

（1）概算。

批准的可行性研究报告。

初步建设或扩大初步设计图纸、设备材料表和有关技术文件。

建筑与建筑群综合布线工程费用有关文件。

通信建设工程概算定额及编制说明。

（2）预算。

批准初步设计或扩大初步设计概算及有关文件。

施工图、通用图、标准图及说明。

《建筑与建筑群综合布线》预算定额。

通信工程预算定额及编制说明。

通信建设工程费用定额及有关文件。

4．概预算文件的内容

（1）概算。

主要包括工程概况、规模及概算总价值。

编制依据：依据的设计、定额、价格及地方政府有关规定，和信息产业部未作统一规定的费用计算依据说明。

投资分析：主要分析各项投资的比例和费用构成，分析投资情况，说明建设的经济合理性及编制中存在的问题，以及其他需要说明的问题。

（2）预算。

主要包括工程概况，预算总价值；编制依据及对采用的收费标准和计算方法的说明；工程技术经济指标分析；以及其他需要说明的问题。

5．重要性

建设工程的概、预算是对工程造价进行控制的主要依据，它包括设计概算和施工图预算。设计概算是设计文件的重要组成部分，应严格按照批准的可行性研究报告和其他有关文件进行编制。施工图预算则是施工图设计文件的重要组成部分，应在批准的初步设计概算范围内进行编制。

概、预算必须由持有勘察设计证书资格的单位编制。同样，其编制人员也必须持有信息工程概、预算资格证书。

综合布线系统的概、预算编制办法原则上参考通信建设工程概算、预算编制办法作为依据，并应根据工程的特点和其他要求，结合工程所在地区，按地区计委建委颁发的有关工程概算、预算定额和费用定额编制工程概、预算。如果按通信定额编制布线工程概、预算，则参照《通信建设工程概算、预算编制办法及定额费用》及邮电部[1995]626号文要求进行。

11.2 工程概算及预算方法

1．综合布线工程概、预算的步骤程序

（1）概、预算的编制程序。

- 收集资料，熟悉图纸。
- 计算工程量。
- 套用定额，选用价格。
- 计算各项费用。
- 复核。
- 拟写编制说明。
- 审核出版，填写封皮，装订成册。

（2）概、预算的审批。

设计概算的审批。设计概算由建设单位主管部门审批，必要时可由委托部门审批；设计概算必须经过批准方可作为控制建设项目投资及编制修正概算的依据。设计概算不得突破批准的可行性研究报告投资额，若突破时，由建设单位报原可行性研究报告批准部门审批。

施工图预算的审批。施工图预算应由建设单位审批；施工图预算需要由设计单位修改，由建设单位报主管部门审批。

2．综合布线工程概、预算编制软件

综合布线工程概、预算过去一直是手工编制。随着计算机的普及和应用，近年来相关技术单位开发出了综合布线工程概、预算编制软件。

3．概、预算设计方式

（1）IT行业的预算设计方式。

IT行业的预算设计方式取费的主要内容一般由材料费、施工费、设计费、测试费、税金等组成，相关的费用如图11-2-1所示。

序号	名 称	单 价	数 量	金额(元)
1	信息插座(含模块)	100元/套	130套	13 000
2	五类UTP	1000元/箱	12箱	12 000
3	线槽	6.8元/m	600 m	4080
4	48口配线架	1350元/个	2个	2700
5	配线架管理环	120元/个	2个	240
6	钻机及标签等零星材料	/	/	1500
7	设备总价(不含测试费)			33 520
8	设计费(5%)			1676
9	测试费(5%)			1676
10	督导费(5%)			1676
11	施工费(15%)			5028
12	税金(3.41%)			1140
13	总计			44 716

图 11-2-1　IT 行业的预算取费

（2）建筑行业的预算设计方式。

建筑行业流行的设计方案取费是按国家的建筑预算定额标准来核算的，一般由下述内容组成：材料费、人工费（直接费小计、其他直接费、临时设施费、现场经费）、直接费、企业管理费、利润税金、工程造价和设计费等。

其中，核算材料费与人工费，由分项布线工程明细项的定额进行累加求得材料费与人工费。

核算其他直接费内容，包括：

- 其他直接费=人工费×费率，如费率取 28.9%。
- 临时设施费=(人工费 + 人工其他直接费)×费率，如费率取 14.7%。
- 现场经费=(人工费 + 人工其他直接费)×费率，如费率取 18.8%。
- 其他直接费：合计=其他直接费 + 临时设施费 + 现场经费。
- 核算各项规定取费。
- 直接费=材料费 + 工程费 + 其他直接费合计。
- 企业管理费=人工费×费率，如费率取 103%。
- 利润=人工费×费率，如费率取 46%。
- 税金=［直接费 + 企业管理费 + 利润］×费率，如费率取 3.4%。
- 小计=前 4 项相加。
- 建筑行业劳保统筹基金=小计×费率，如费率取 1%。
- 建材发展补充基金=小计×费率，如费率取 2%。
- 工程造价=小计 + 建筑行业劳保统筹基金 + 建材发展补充基金。
- 设计费=工程造价×费率，如费率取 10%。
- 合计=工程造价 + 设计费。

4．概、预算参考用表

概、预算参考用表如图 11-2-2、图 11-2-3、图 11-2-4 所示。

定额编号		TX8-049	TX8-050	TX8-051	TX8-052	TX8-053	TX8-054
项 目		安装8位模块式信息插座				安装光纤信息插座	
		单 口		双 口		双口	四口
		非屏蔽	屏蔽	非屏蔽	屏蔽		
名 称	单位	数 量					
人工 技工	工日	0.45	0.55	0.75	0.95	0.30	0.40
普工	工日	0.07	0.07	0.07	0.07	—	—
主要材料 8位模块式信息插座(单口)	个	10.00	10.00	—	—	—	—
8位模块式信息插座(双口)	个	—	—	10.00	10.00	—	—
光纤信息插座(双口)	个	—	—	—	—	10.00	—
光纤信息插座(四口)	个	—	—	—	—	—	10.00
机械							

注：安装双口以上8位模块式信息插座的工日定额在双口的基础上乘以系数1.6。

图 11-2-2　概预算参考用表（1）

定额编号		TX8-029	TX8-030	TX8-031	TX8-032
项 目		安装机柜、机架(架)		安装接线箱(个)	制作安装抗震底座(个)
		落地式	墙挂式		
名 称	单位	数 量			
人工 技工	工日	2.00	3.00	2.70	1.67
普工	工日	0.67	1.00	0.90	0.83
主要材料 机柜(机架)	个	1.00	1.00	—	—
接线箱	个	—	—	1.00	—
抗震底座	个	—	—	—	1.00
附件	套	*	*	*	*
机械					

图 11-2-3　概预算参考用表（2）

单位：10m

定额编号		TX8-018	TX8-019	TX8-020	TX8-021	TX8-022	TX8-023
项 目		安装吊装式桥架			安装支撑式桥架		
		100 mm 宽以下	300 mm 宽以下	300 mm 宽以上	100 mm 宽以下	300 mm 宽以下	300 mm 宽以上
名 称	单位	数 量					
人工 技工	工日	0.37	0.41	0.45	0.28	0.31	0.34
普工	工日	3.33	3.66	4.03	2.52	2.77	3.05
主要材料 桥架	m	10.10	10.10	10.10	10.10	10.10	10.10
配件	套	*	*	*	*	*	*
机械							

注：安装桥架，包括梯形、托盘式和槽式三种类型均执行本定额。

图 11-2-4　概预算参考用表（3）

单元 12
掌握综合布线系统工程管理知识

 一、任务描述

浙江科技工程学校需要实施校园网络二期工程扩容改造，因此需要针对校园网络扩容重新实施综合布线。小明是网络中心新入职的网络管理员，因此需要配合其他的工程师，按照学校的要求，参与到学校校园网络二期工程扩容改造整个工程的过程中，因此需要掌握综合布线系统工程管理知识。

 二、任务分析

综合布线系统工程施工现场指网络系统集成施工活动所涉及的施工场地，以及项目各部门和施工人员可能涉及的一切活动范围。网络综合布线现场管理工作，应着重考虑对施工现场工作环境、居住环境、自然环境、现场物资，以及所有参与项目施工的人员行为进行管理。

综合布线系统工程现场管理应按照事前、事中、事后的时间段，采用制定计划、实施计划、过程检查、发现问题后对问题进行分析、制定预防和纠正措施的程序，进行施工现场管理的基本要求。

 三、知识准备

12.1 现场管理制度与要求

1. 现场管理

施工现场指网络系统集成施工活动所涉及的施工场地，以及项目各部门和施工人员可能涉及的一切活动范围。网络综合布线现场管理工作，应着重考虑对施工现场工作环境、居住环境、自然环境、现场物资，以及所有参与项目施工的人员行为进行管理。

现场管理应按照事前、事中、事后的时间段，采用制定计划、实施计划、过程检查、发现问题后对问题进行分析、制定预防和纠正措施的程序，进行现场管理施工现场管理的基本要求，主要包括以下 4 方面。

（1）现场工作环境管理。

项目经理应按照施工组织设计的要求，管理作业现场工作环境，落实各项工作负责人，严格执行检查计划，对检查中所发现的问题进行分析，制定纠正及预防措施，并予以实施。对工程中的责任事故应按奖惩方案予以奖惩。

（2）现场居住环境管理。

项目经理应对施工驻地的材料放置和伙房卫生进行重点管理，落实驻点管理负责人和工地伙房管理办法、员工宿舍管理办法、驻点防火防盗措施、驻点环境卫生管理办法，教育员工清楚火灾时的逃生通道，保证施工人员和施工材料的安全。

（3）现场周围环境管理。

项目经理需要考虑施工现场周围环境的地形特点、施工的季节、现场的交通流量、施工现场附近的居民密度、施工现场的高压线，和其他管线情况、与公路及铁路的交越情况、与河流的交越情况等前提下，进行施工作业，对重要环境因素应重点对待。

（4）现场物资管理。

在工地驻点的物资存放方面，应根据施工工序的前后次序，放置施工材料，并进行恰当标识。现场物资应整齐堆放，注意防火、防盗、防潮。物资管理人员还应做好现场物资的进货、领用的账目记录，并负责向业主移交剩余物资，办理相应手续。对于上述工作的完成情况，项目经理应在施工过程中进行检查，发现问题时应按相关要求进行处理。

2．制度与要求

为提升布线施工项目以及参与单位（建设单位、监理单位、各施工单位）的协调施工，保证项目运行的高效性、严密性和条理性，确保项目能保质保期地顺利完成，需要制定严格的现场管理制度和要求，并严格执行。

基本现场管理制度包括如下。

（1）工地安全文明施工管理制度。

包括安全施工、文明施工等规范、条例；施工现场应有恰当的标语和安全警戒标志；施工现场实行封闭式管理和设立围护设施；施工现场的卫生防病工作；施工现场内建立和执行防火管理制度；加强社会治安综合治理工作，施工组织设计应有保卫措施方案；施工单位管理人员及工人在施工现场必须戴安全帽；施工现场发现管道电缆及其他埋设物应及时报告等。

（2）工地现场质量管理制度。

包括设计图纸，设计变更、规范规程，验收标准等管理；必须有经甲方审查批准的总体施工组织设计和各项专项施工方案；工地上的负责人和技术人员必须向工人进行认真的技术交底，并存有相应的文字记录待查；分部分项工程隐蔽验收必须严格执行"三检"制度；关键工序施工完毕后，须经监理、甲方代表验收合格签字；所有进场材料均需提供材质合格证明文件进行报审等。

（3）工地现场协调管理制度。

包括现场各级管理人员及班组负责人的详细名单及联系方式管理；现场所有往来文件均以标准打印文本为准，并妥善保存；现场内各种往来书面文件、通知，施工单位必须在规定的时间内由甲方认可的管理人员签收。

（4）工地现场会议管理制度。

包括现场周例会制度，以及不定期安排临时现场专题会；会议记录汇总整理。

（5）工期管理制度。

包括合同工期执行情况检查，特殊情况工期推延处理（自然灾害等原因）；工程进度管理记录。

（6）现场施工临时用水用电管理制度。

包括设置临时电表；安排专职记录员等。

12.2　现场技术管理要求

1．图纸审核

在工程开工前，工程管理及技术人员应该充分地了解设计意图、工程特点和技术要求。

（1）施工图的自审。

施工单位收到有关技术文件后，应尽快对施工图设计进行熟悉，写出自审的记录。自审施工图设计的记录应包括对设计图纸的疑问和对设计图纸的有关建议等。

（2）施工图设计会审。

一般由业主主持，由设计单位、施工单位和监理单位参加，四方共同进行施工图设计的会审。审定后的施工图设计与施工图设计会审纪要都是指导施工的法定性文件。在施工中既要满足规范、规程，又要满足施工图设计和会审纪要的要求。

图纸会审记录是施工文件的重要组成部分，与施工图具有同等效力，所以图纸会审记录的管理办法和发放范围与施工图管理、发放相同，应认真实施。

2．技术交底

技术交底是确保工程项目质量的关键环节，是质量要求、技术标准得以全面认真执行的保证。

（1）技术交底的内容。

工程概况、施工方案、质量策划、安全措施、"三新"技术、关键工序、特殊工序（如果有的话）和质量控制点、施工工艺（遇有特殊工艺要求时要统一标准）、法律、法规、对成品和半成品的保护，制定保护措施、质量通病预防及注意事项。

（2）技术交底的依据。

技术交底应在合同交底的基础上进行，主要依据有施工合同、施工图设计、工程摸底报告、设计会审纪要、施工规范、各项技术指标、管理体系要求、作业指导书、业主或监理工程师的其他书面要求等。

（3）技术交底的要求。

施工前项目负责人对分项、分部负责人进行技术交底，施工中对业主或监理提出的有关施工方案、技术措施及设计变更的要求在执行前进行技术交底，技术交底要做到逐级交底，随接受交底人员岗位的不同，交底的内容有所不同。

3．工程变更

工程设计经过用户认可后，施工单位无权单方面改变设计。工程施工过程中如确实需要对原设计进行修改，必须由施工单位和用户主管部门协商解决，对局部改动必须填报"工程设计变更单"，经审批后方可施工，具体格式如表 12-2-1 所示。

表 12-2-1　工程设计变更单

工程名称		原图名称	
设计单位		原图编号	
原设计规定的内容：		变更后的工作内容：	
变更原因说明：		批准单位及文号：	
原工程量		现工程量	
原材料数		现材料数	
补充图纸编号		日　期	年　月　日

4．编制现场施工管理文件和综合布线施工文件

（1）施工进度日志。

施工进度日志由现场工程师每日随工程进度填写施工中需要记录的事项，具体表格样式如表 12-2-2 所示。

表 12-2-2　施工进度日志

组别：　人数：　负责人：　日期：				
工程进度计划：				
工程实际进度：				
工程情况记录：				
时间	方位、编号	处理情况	尚待处理情况	备注

（2）施工责任人员签到表。

施工的人员必须签到，签到按先后顺序，每人须亲笔签名，明确施工的责任人。签到表由现场项目工程师负责落实，并保留存档。

具体表格样式如表 10-2-3 所示。

表 10-2-3　施工责任人签到表

项目名称：　项目工程师：						
日期	姓名 1	姓名 2	姓名 3	姓名 4	姓名 5	姓名 6	姓名 7

（3）施工事故报告单。

施工过程中无论出现何种事故，都应由项目负责人将初步情况填报"事故报告"。

具体格式如表 10-2-4 所示。

表 10-2-4　施工事故报告单

填报单位：项目工程师：

工程名称：	设计单位：
地点：	施工单位：
事故发生时间：	报出时间：
事故情况及主要原因：	

（4）工程开工报告。

工程开工前，由项目工程师负责填写开工报告，待有关部门正式批准后方可开工，正式开工后该报告由施工管理员负责保存待查。

具体报告格式如表 10-2-5 所示。

表 10-2-5　工程开工报告

工程名称：		工程地点：	
用户单位：		施工单位：	
计划开工：	年　月　日	计划竣工：	年　月　日
工程主要内容：			
工程主要情况：			
主抄：	施工单位意见：		建设单位意见：
抄送：	签名：		签名：
报告日期：	日期：		日期：

（5）施工报停表。

在工程实施过程中可能会受到其他施工单位的影响，或者由于用户单位提供的施工场地和条件及其他原因造成施工无法进行。为了明确工期延误的责任，应该及时填写施工报停表，在有关部门批复后将该表存档。

具体施工报停表样式如表 10-2-6 所示。

表 10-2-6　施工报停表

工程名称：		工程地点：	
建设单位：		施工单位：	
停工日期：	年　月　日	计划复工：	年　月　日
工程停工主要原因：			
计划采取的措施和建议：			

停工造成的损失和影响：		
主抄：	施工单位意见：	建设单位意见：
抄送：	签名：	签名：
报告日期：	日期：	日期：

（6）工程领料单。

项目工程师根据现场施工进度情况安排材料发放工作，具体的领料情况必须有单据存档。具体格式如表 10-2-7 所示。

表 10-2-7　工程领料单

工程名称			领料单位		
批料人			领料日期	年 月 日	
序号	材料名称	材料编号	单位	数量	备注

12.3　现场施工现场人员管理要求

1．工程管理机构设置

现场施工现场人员管理机构设置如图 12-3-1 所示。

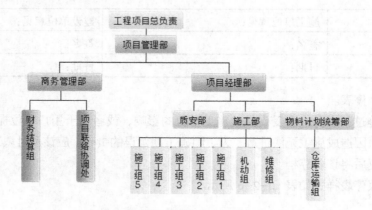

图 12-3-1　工程管理机构设置

2．各机构主要人员分工

根据现场的实际情况，如工程项目较小，可一人承担两项或三项工作。

（1）项目经理。

"具有大综合布线系统工程项目的管理与实施经验" 更正为 "具有大型综合布线系统工程项目的管理与实施经验"，项目经理对工程项目的实施进度负责；负责协调解决工程项目实施过程中出现的各种问题，负责与业主及相关人员的协调工作。

（2）技术人员。

技术人员要求具有丰富工程施工经验，对项目实施过程中出现的进度、技术等问题，及时上报项目经理；熟悉综合布线系统的工程特点、技术特点及产品特点，并熟悉相关技术执行标准及验收标准，负责协调系统设备检验与工程验收工作。

（3）质量、材料员。

要求熟悉工程所需的材料、设备规格，负责材料、设备的进出库管理和库存管理，库存设备的完整。

（4）安全员。

"要求具有很强的责任专" 更正为 "要求具有很强的责任心"。

（5）资料员。

负责日常的工程资料整理（图纸、洽商文档、监理文档、工程文件竣工资料等）。

（6）施工班组人员。

承担工程施工生产，应具有相应的施工能力和经验。

3．施工现场人员管理

施工现场人员管理要循序以下要求。

- 制定施工人员档案。
- 佩戴有效工作证件。
- 所有进入场地的员工均给予一份安全守则。
- 加强离职或被解雇人员的管理。
- 项目经理要制定施工人员分配表。
- 项目经理每天向施工人员发出工作责任表。
- 制订定期会议制度。
- 每天均巡查施工场地。
- 按工程进度制定施工人员每天的上班时间。

对现场施工人员的行为进行管理，保证施工现场的秩序。同时，项目经理部应明确由施工现场负责人对此进行检查监督，对于违规者应及时予以处罚。

12.4　现场材料管理要求

1．材料管理

现场材料的管理包括：

- 做好材料采购前的基础工作；
- 各分项工程都要控制住材料的使用；
- 在材料领取、入库出库、用料、补料和废料回收等环节上引起重视，严格管理；
- 对于材料操作消耗特别大的工序，由项目经理直接负责。

具体施工过程中，可以按照不同的施工工序，将整个施工工程划分为几个阶段。在工序开始前，由施工员分配大型材料使用数量；工序施工过程中，如发现材料数量不够，由施工员报请项目经历领料，并说明材料使用数量不够的原因。

每一阶段工程完工后，由施工人员清点、汇报材料使用和剩余情况，材料消耗或超耗需分析原因并与奖惩挂钩。

- 对部分材料实行包干使用，节约有奖、超耗则罚的制度。
- 及时发现和解决材料使用不节约、出入库不计量，生产中超额用料高等问题。
- 实行特殊材料以旧换新，领取新料，由材料使用人或负责人提交领料原因。材料报废需及时提交报废原因，以便有据可循，作为以后奖惩的依据。

2．材料管理用表

现场材料的管理需要制作包括如图 12-4-1 所示的表格内容。

序号	材料名称	型号	单位	数量	备注
1					
2					

审核：　　　　仓管：　　　　日期：

图 12-4-1　材料入库统计表

12.5　现场安全管理要求

1．安全控制措施

施工阶段安全控制要点主要包括施工现场防火；施工现场用电安全；低温雨季施工防潮；机具仪表的保管、使用；机房内施工时通信设备、网络等电信设施的安全；施工过程中水、电、煤气、通信电（光）缆管线等市政或电信设施的安全；施工过程中文物保护；井下作业时的防毒、防坠落、防原有线缆损坏；公路上作业的安全防护；高处作业时人员和仪表的安全等。

（1）施工现场防火措施。

施工现场实行逐级防火责任制，施工单位应明确一名施工现场负责人为防火负责人，全面负责施工现场的消防安全管理工作，根据工程规模配备消防员和义务消防员。

（2）施工现场安全用电措施。

临时用电和带电作业的安全控制措施，应在《施工组织设计》中予以明确。

（3）低温雨季施工控制措施。

低温季节施工以及雨季施工时，都应采取相应措施。

（4）在用通信设备、网络安全的防护措施。

（5）防毒、防坠落、防原有线缆损坏的措施，地下设施的保护，地下作业时的安全措施。

（6）公路上作业的安全防护措施。

（7）高空、高处作业时的安全措施。

2．安全管理原则

- 建立安全生产岗位责任制。
- 质安员须每半月在工地现场举行一次安全会议。
- 进入施工现场必须严格遵守安全生产纪律，严格执行安全生产规程。

- 项目施工方案要分别编制安全技术措施。
- 严格安全用电制度。
- 电动工具必须要有保护装置和良好的接地保护地线。
- 注意安全防火。
- 登高作业时，一定要系好安全带，并有人进行监护。
- 建立安全事故报告制度。

12.6 现场质量控制管理要求

质量控制主要表现为施工组织和施工现场的质量控制，控制的内容包括工艺质量控制和产品质量控制，影响质量控制的因素主要有"人、材料、机械、方法和环境"等五大方面。因此，对这5方面因素严格控制，是保证工程质量的关键。

一般采取的措施包括检查、规范施工、工程质量责任制、质量教育、技术交底、施工记录、材料品质保障、全面质量管理、高标准、文档保存等。

1．质量控制管理的范围及一般原则

（1）质量控制的范围

需求分析的准确性；设计的合理性；招投标是否科学；布线产品的质量；施工质量；系统培训；售后的支持。

（2）质量控制的一般原则

事前控制原则，标准化原则，阶段性控制原则，定性测试和量化测试相结合的原则，用户需求符合性原则。

2．需求分析阶段

- 需求分析的方法应是科学的。
- 获取的需求应是共同理解的。
- 需求分析的过程应是反复的。
- 双方的默契配合。
- 获取的技巧。
- 讨论会的记录应尽可能仔细。
- 需求获取的终止。
- 科学地编制文档。

3．设计阶段

- 设计的指导方针。
- 设计的依据。
- 系统结构的合理性控制。
- 经济性控制。
- 先进性控制。
- 可靠性控制。

● 兼容性控制。

4．招标阶段

招标投标活动应当遵循公开、公平、公正和诚实信用的原则，分为公开招标和邀请招标。在招标前，招标人应当根据招标项目的特点和需要编制招标文件。

5．产品的选择

● 产品质保。
● 系统性能质保。
● 应用保证。
● 厂商认证的布线系统的定义应包含的内容。
● 专业安装。

6．施工阶段

● 根据用户提供的建筑图纸，完成结构化布线图的设计，特别应注意线缆的路由。
● 由项目小组派认证的布线工程师定期检查施工中的预埋工程和主干桥架安装工程。
● 由项目小组派认证的布线工程师督导施工队完成各功能区内管槽的布设，以及水平线缆的铺设到位。
● 合理进行阶段性测试。
● 严格管理施工队伍。
● 施工要求控制。

7．培训

● 认识产品。
● 熟悉系统结构。
● 文档管理。
● 维护修理。

8．售后服务支持

● 系统保养服务。
● 现场服务。
● 现场服务的管理。
● 定期走访客户。
● 专门客户支持。
● 维护验收的测试。

12.7　现场成本控制管理要求

1．工程成本控制管理内容

（1）施工前计划。
做好项目成本计划。

组织签订合理的工程合同与材料合同。

制订合理可行的施工方案。

（2）施工过程中的控制。

降低材料成本，实行三级收料及限额领料。

节约现场管理费。

（3）工程总结分析。

根据项目部制定的考核制度，体现奖优罚劣的原则。

竣工验收阶段要着重做好工程的扫尾工作。

2．工程成本控制基本原则

加强现场管理，合理安排材料进场和堆放，减少二次搬运和损耗。

加强材料的管理工作，做到不错发、领错材料，不丢窃遗失材料，施工班组要合理使用材料，做到材料精用。在敷设线缆当中，既要留有适量的余量，还应力求节约，不予浪费。

材料管理人员要及时组织使用材料的发放，施工现场材料的收集工作。

加强技术交流，推广先进的施工方法，积极采用科学的施工方案，提高施工技术。

积极鼓励员工"合理化建议"活动的开展，提高施工班组人员的技术素质，尽可能地节约材料和人工，降低工程成本。

加强质量控制、加强技术指导和管理，做好现场施工工艺的衔接，杜绝返工，做到一次施工，一次验收合格。

合理组织工序穿插，缩短工期，减少人工、机械及有关费用的支出。

科学合理安排施工程序，搞好劳动力、机具、材料的综合平衡，向管理要效益。

平时施工现场由 1~2 人巡视了解土建进度和现场情况，做到有计划性和预见性，预埋条件具备时，应采取见缝插针，集中人力预埋的办法，节省人力物力。

12.8　现场施工进度控制管理要求

1．施工进度控制内容

施工进度控制是技术性要求较强的工作，不仅要求施工管理人员要掌握施工组织设计的编制，还要熟悉工程劳动定额与工程预算定额、技术方案方面的知识。

在工程项目实施过程中，进度控制就是经过不断地计划、执行、检查、分析和调整的动态循环，因此做好施工进度的计划与衔接，跟踪检查施工进度计划的执行情况，在必要时进行调整，在保证工程质量的前题下，确保工程建设进度目标的实现。

施工进度控制关键就是编制施工进度计划，确保工期，合理安排好前后作业的工序。对于与土建工程同时进行的布线工程，首先检查垂井、水平线槽、信息插座底盒是否已安装到位，布线路由是否全线贯通，设备间、配线间是否符合要求，对于需要安装布线槽道的布线工程来说，首先需要安装垂井、水平线槽和插座底盒等。

2．施工进度控制流程

● 安装水平线槽。

- 安装铺设穿线管。
- 安装信息插座暗盒。
- 安装竖井桥架。
- 水平线槽与竖井桥架的连接。
- 铺设水平 UTP 线缆。
- 铺设垂直主干大对数电缆、光缆。
- 安装工作区模块面板。
- 安装各个配线间机柜。
- 楼层配线架线缆端接。
- 楼层配线架大对数线缆端接。
- 综合布线主机房大对数线缆端接。
- 光纤配线架安装。
- 光纤熔接。
- 系统测试（水平链路测试、大对数线缆、光纤测试）。
- 自检合格（成品保护）。
- 验收（竣工资料、竣工图纸）。

12.9 现场工程施工各类报表管理

1．施工组织进度表

控制布线工程的整体施工进度情况，便于宏观管理，确保工期，如图 12-9-1 所示样本。

综合布线系统工程施工组织进度

时间 项目	2012 年 9 月														
	1	3	5	7	9	11	13	15	17	19	21	23	25	27	29	30
一、合同签定															
二、图纸会审															
三、设备订购与检验															
四、主干线槽管架设及光缆敷设															
五、水平线槽管架设及线缆敷设															
六、信息插座的安装															
七、机柜安装															
八、光缆端接及配线架安装															
九、内部测试及调整															
十、组织验收															

图 12-9-1 施工进度控制流程

2．施工进度日志

施工进度日志由现场工程师每日随工程进度，填写施工中需要记录的事项，具体表格样式如图 12-9-2 所示。

施工进度日志

组别：	人数：	负责人：	日期：	
工程进度计划：				
工程实际进度：				
工程情况记录：				
时间	方位、编号	处理情况	尚待处理情况	备注

图 12-9-2　施工进度日志

3．施工责任人员签到表

施工的人员必须签到，签到按先后顺序，每人须亲笔签名，明确施工的责任人。签到表由现场项目工程师负责落实，并保留存档，具体表格样式，如图 12-9-3 所示样本。

施工责任人签到表

项目名称：			项目工程师：			
日期	姓名1	姓名2	姓名3	姓名4	姓名5	姓名6	姓名7

图 12-9-3　施工责任人员签到表

4．施工事故报告单

施工过程中无论出现何种事故，都应由项目负责人将初步情况填报"事故报告"，具体表格样式如图 12-9-4 所示。

施工事故报告单

填报单位：	项目工程师：
工程名称：	设计单位：
地点：	施工单位：
事故发生时间：	报出时间：
事故情况及主要原因：	

图 12-9-4　施工事故报告单

5．工程开工报告

工程开工前，由项目工程师负责填写开工报告，待有关部门正式批准后方可开工。正式开工后该报告由施工管理员负责保存待查，具体表格样式如图 12-9-5 所示。

工程开工报告

工程名称：			工程地点：	
用户单位：			施工单位：	
计划开工：		年 月 日	计划竣工：	年 月 日
工程主要内容：				
工程主要情况：				
主抄： 抄送： 报告日期：		施工单位意见： 签名： 日期：	建设单位意见： 签名： 日期：	

图 12-9-5　工程开工报告

6．施工报停表

在工程实施过程中可能会受到其他施工单位的影响，或者由于用户单位提供的施工场地和条件及其他原因造成施工无法进行。为了明确工期延误的责任，应该及时填写施工报停表，在有关部门批复后将该表存档，具体表格样式如图 12-9-6 所示。

施工报停表

工程名称：			工程地点：	
建设单位：			施工单位：	
停工日期：		年 月 日	计划复工：	年 月 日
工程停工主要原因：				
计划采取的措施和建议：				
停工造成的损失和影响：				
主抄： 抄送： 报告日期：		施工单位意见： 签名： 日期：	建设单位意见： 签名： 日期：	

图 12-9-6　施工报停表